生活将时光分割成碎片，

我们用阅读将之弥合，

使之缓缓流过，停驻或成永恒

人性的优点

HOW TO STOP WORRYING AND START LIVING

[美] 戴尔·卡耐基◎著　云中轩◎译

立信会计出版社
LIXIN ACCOUNTING PUBLISHING HOUSE

图书在版编目（CIP）数据

人性的优点 /（美）卡耐基（Carnegie,D.）著；云中轩译. —上海：立信会计出版社，2012.3

(时光文库)

ISBN 978-7-5429-3388-1

Ⅰ. ①人… Ⅱ. ①卡… ②云… Ⅲ. ①成功心理-通俗读物 Ⅳ. ①B848.4-49

中国版本图书馆CIP数据核字（2012）第043022号

策划编辑　蔡伟莉
责任编辑　赵新民
封面设计　久品轩

人性的优点

出版发行	立信会计出版社		
地　　址	上海市中山西路2230号	邮政编码	200235
电　　话	（021）64411389	传　　真	（021）64411325
网　　址	www.lixinaph.com	电子邮箱	lxaph@sh163.net
网上书店	www.shlx.net	电　　话	（021）64411071
经　　销	各地新华书店		

印　　刷	北京东海印刷有限公司	
开　　本	880毫米×1230毫米	1/32
印　　张	10	
字　　数	135千字	
版　　次	2012年3月第1版	
印　　次	2012年3月第1次	
印　　数	1-15000	
书　　号	ISBN 978-7-5429-3388-1/B	
定　　价	18.80元	

戴尔·卡耐基简介

戴尔·卡耐基，被誉为20世纪最伟大的人生导师，一生中写作了《语言的突破》、《林肯传》、《人性的弱点》、《美好的人生》、《伟大的人物》、《人性的优点》、《快乐的人生》等多部作品。这些书构成了卡耐基为人处世、通向成功之路的成功学体系，与他的成人教育培训班相辅相成，改变了传统的成人教育方式，影响了千百万人的生活。

卡耐基于1888年11月24日出生在美国密苏里州的一个贫苦农民家庭。他是一个朴实的农家子弟，童年和美国中西部农村的其他男孩子并没有什么不同，他帮父母干杂事、挤牛奶，即使贫穷也不以为然。这或许是因为他根本不觉得自己家里很贫穷。在那个没有农业机械的年代，他和父亲同样做着那些繁重的体力活，而一年的辛劳却可能因为一场水灾而付诸东流，或者被骄阳晒枯了，或者喂了蝗虫。卡耐基眼见父亲因为这些永无终止的操劳而备受折磨，发誓绝不拿自己的一生来和天气及收成赌博。

如果说卡耐基的童年和其他农村男孩子有什么不同的话，那主要是受到他母亲的强烈影响。她是一名虔诚的教徒，在嫁给卡耐基的父亲之前当过教员。她鼓励卡耐基接受教育，她的梦想是让儿子将来当一名传教士或教师。

1904年，卡耐基高中毕业后就读于密苏里州华伦斯堡州立师范学院。他虽然得到全额奖学金，但由于家境的贫困，他还必须参加各种工作，以赚取必要的学习费用。这使他感到羞耻，养成了一种自卑的心理。因而，他想寻求出人头地的捷径。

在学校里，具有特殊影响和名望的人，一类是棒球球员，一类是那些辩论和演讲获胜的人。他知道自己没有运动员的才华，就决心在演讲比赛上获胜。他花了几个月的时间练习演讲，但一次又一次地失败了。失败带给他的失望和灰心，甚至使他想到自杀。然而第二年里，他开始获胜。

当时，他的目标是得到学位和教员资格证书，好在家乡的学校教书。

但是，卡耐基毕业后并没有去教书。他前往国际函授学校总部所在地丹佛市，为该校做推销员，薪水是一天2美元，这笔佣金可以支付他的房租和膳食，此外还有推销的提成。

卡耐基尽管尽了最大的努力，但是并不太成功，于是又改而推销肉类产品。为了找到这种工作，他一路上免费为一个牧场主人的马匹喂水、喂食，搭这人的便车来到了奥马哈市，当上了推销员，周薪为17.31美元，比他父亲一年的收入还要高。

卡耐基的推销虽然干得很成功，成绩由他那个区域内的第25名跃升为第一名，但他拒绝升任经理，而是带着积攒下来的钱来到纽约，当了一名演员。作为演员，卡耐基唯一的演出是在话剧《马戏团的包莉》中担任一个角色。在这出话剧旅行演出一年之后，卡耐基断定自己干戏剧这行没有前途，于是他又改回推销本行，为一家汽车公司推销汽车。

但做推销员并不是卡耐基的理想。

在从事汽车推销时，他对自己的能力很怀疑。

有一天，一位老者想买车，卡耐基又背诵了那套“车经”。老者淡淡地说：“无所谓的，我还走得动，开车只不过是尝一尝新鲜劲儿，因为我年轻时曾梦想成为汽车设计师，那时还没有汽车呢……”

老者的一番话慢慢吸引了卡耐基。他详细地和老者讨论起公司的情况，后来话题又转到了他们的生活方面。卡耐基讲述了自己最近的烦恼：“那天凌晨，对着一盏孤灯，我对自己说，我在做什么，我的梦想是什么，如果我想要成为作家，那为什么不从事写作呢？您认为我的看法对吗？”

“好孩子，非常棒！”老者的脸上露出轻松的笑容，继而说：“你为什么要为一个你不关心又不能付你高薪的公司卖命呢？你不是想赚大钱吗？写作，在今天也是个好行当呀！”

“不，老先生，放弃工作是不可能的，除非我有别的事可做。但是我能做什么呢？我有什么能力能让自己满意地赚钱和生活呢？”卡耐基问。

老者说：“你的职业应该是能使你感兴趣，并发挥才能的。既然写作很适合你，为什么不试一试？”

这让卡耐基茅塞顿开。埋藏在胸中奔涌已久的写作激情被老者的几句话激活了。

从那天起，卡耐基决定换一种生活。他要当一位受人尊敬、爱戴的伟大作家……

一个偶然的机会，卡耐基发现自己所在城市的青年会在招聘一名讲授商务技巧的夜大老师。于是他前去应聘，并且被录用。

卡耐基的公开演说课程，不仅包括了演说的历史，还有演说的原理知识。除此之外，他还发明了一种独特而非常有效的教学方式。

他第一次为学员上课时，就直接点名让学员谈他们自己，向大家讲述他们日常生活中发生的事。当一个学员说完以后，另一个学员接着站起来说，然后再让其他学员站起来说。这样，直到班上每一个学员都发表过简短的谈话。卡耐基后来说："在不知道究竟该怎么办的情况下，我误打误撞，找到了帮助学员克服恐惧的最佳方法。"从此以后，卡耐基这种鼓励所有学员共同参与的教学方法，成为激发学员兴趣和确保学员出勤的最有效方法。虽然这种方法在当时尚无先例，也没有什么方法可以评定他这套方法的效果，但它确实奏效了，并且已经在全世界教出了许多更会说话且更有信心的人。

这一哲理的成功，可以从成千上万名毕业学员写来的信中得到证明。写这些信的学员有工厂工人、家庭主妇、政界人士、公司负责人、教师及传教士，他们的职业遍及各行各业。

卡耐基于1955年11月1日去世，只差几个星期就67岁。追悼会在森林山举行，被葬在密苏里州他父母亲的附近。

1955年11月3日，华盛顿一家报纸刊载了下面这段文字：“那些愤世嫉俗的人过去常常揣测，如果每个人都接受并且遵照卡耐基的话语去做，那将会成什么局面？卡耐基先生在星期二去世了，他从来不屑于这些世故者的风凉话。他知道自己所做的事，而且做得极好。他在自己的书中和课程上，努力教导一般人克服无能的感觉，学会如何讲话、如何为人处世。”

“千百万人受到他的影响，他的这些哲理如文明一样古老，如‘十诫’一般简明，但是对于人们在这个狂乱的年代里获得快乐和成就极有帮助。”

前　言

《人性的优点》的核心内容是向人们讲述如何停止忧虑并积极开创新的生活。所以本书又名《如何走出忧虑的人生》。

《人性的优点》问世于1948年。它和《人性的弱点》《语言的突破》一样，是卡耐基成人教育班的三种主要教材之一。本书一经出版，便在全球畅销不衰，被誉为“克服忧虑获得成功的必读书”、“世界励志圣经”。

卡耐基认为，忧虑是人类面临的最大问题之一。为了写作本书，他阅读了曾经面临过严重危机的著名人物的传记，从中找出这些名人解决问题的方法，又向众多人士请教他们克服忧虑的办法，并结合自身的经历整理出一套克服忧虑的法则。

在这本书中，卡耐基将告诉你：如何走出人

生的误区；如何充分了解自己、相信自己，养成良好习惯；怎样从忧虑中解脱出来，创造幸福美好的人生。这其中，尽是非常宝贵而有效的生活经验，对每一个寻找快乐和幸福的人都大有裨益。

相信这本充满智慧和力量的书能让你了解自己，相信自己，充分开发蕴藏在身心里而尚未利用的财富，发挥人性的优点，去开拓成功幸福的新生活之路。

目　录

第一章

如何对待忧虑

改变人一生的24个字

1871年春天，一个年轻人，作为一名蒙特瑞综合医院的医科学生，他的生活中充满了忧虑：怎样才能通过期末考试？该做些什么事情？该到什么地方去？怎样才能开业？怎样才能谋生？他拿起一本书，看到了对他的前途有着很大影响的24个字。

这24个字使这位年轻的医科学生成为当时最著名的医学家。他创建了闻名全球的约翰·霍普金斯医学院，成为牛津大学医学院的钦定讲座教授——这是大英帝国医学界所能得到的最高荣誉——他还被英王封为爵士。死后，记述他一生经历的两大卷书达1 466页。

他就是威廉·奥斯勒爵士。1871年春天他所看到的那24个字帮助他度过了无忧无虑的一生。这24个字就是：“最重要的是不要去看远处模糊的，而要去做手边清楚的事。”是汤姆斯·卡莱里所写的。

42年之后的一个温暖的春夜里，在开满郁金香的校园中，威廉·奥斯勒爵士向耶鲁大学的学生发表了讲演。他对那些耶鲁大学的学生们说，像这样一个人，曾经在四所大学里当过教授，写过一本很受欢迎的书，似乎应该有“特殊的头脑”，其实不然。他的一些好朋友都说，他的脑筋其实是“普普通通”的。

那么，他成功的秘诀是什么呢？他认为是由于他生活在“一个完全独立的今天”里。

“一个完全独立的今天”，这句话是什么意思呢，在去耶鲁演讲的几个月以前，他曾乘坐一艘很大的海轮横渡大西洋。他看见船长站在驾驶舱里按了一个按钮，在一阵机器运转的响声后，船的几个部分就立刻彼此隔绝开了——隔成几个防水的隔舱。奥斯勒博士对那些耶鲁的学生说：“你们每一个人的机制都要比那条大海轮精美得多，而且要走的航程也遥远得多。”

我想奉劝诸位：你们也应该学会控制自己的一切。只有活在一个“完全独立的今天”中，才能在航行中确保安全。在驾驶舱中，你会发现那些大隔舱都各有用处。按下一个按钮，注意观察你生活中的每一个侧面，用铁门把过去隔断——

隔断那些已经逝去的昨天；按下另一个按钮，用铁门把未来也隔断——隔断那些尚未诞生的明天。然后你就保险了——你拥有所有的今天……切断过去。埋葬已经逝去的过去，切断那些会把傻子引上死亡之路的昨天……明天的重担加上昨天的重担，必将成为今天的最大障碍。要把未来像过去那样紧紧地关在门外……未来就在于今天……从来不存在于明天，人类得到拯救的日子就在现在。精力的浪费、精神的苦闷，都会紧紧伴随一个为未来担忧的人……那么，把船前船后的船舱都隔断吧。准备养成一个良好的习惯。生活在“完全独立的今天”里，奥斯勒博士是不是主张人们不用下工夫为明天做准备呢？不是，绝对不是。在那次讲演中，他接着说道，集中所有的智慧，所有的热诚，把今天的工作做得尽善尽美，这就是你迎接未来的最好方法。

奥斯勒博士鼓励那些耶鲁大学的学生们在每天开始的时候，吟诵下面这句祝词：“在这一天我们将得到今天的面包。”

记住，这句祝词中仅仅要求今天的面包，并没有抱怨昨天我们吃的酸面包。也没有说：“噢，天哪，麦田里最近很干枯，我们可能又遇到一次旱灾。我们到秋天还能吃上面包吗？——或者，万一我失业了——那时我又怎样弄到面包呢？”

这句祝词告诉我们只可要求今天的面包，而且我们可能吃到的面包也只有今天的面包。

很久以前，一个名不见经传的哲学家，流浪到一处贫瘠的乡村，那里的人们过着非常艰苦的生活。一天，一群人在山顶上聚集在他的身边。他说出了一段也许是有史以来引用最多的名言。这段话仅有30个字，却经历了几个世纪，世世代代地流传了下来：“不要为明天忧虑，因为明天自有明天的忧虑，一天的难处一天受就足够了。”

很多人都不相信耶稣的这句话“不要为明天忧虑”，把它当做一种多余的忠告，把它看做东方的神秘之物，始终不肯相信。他们说：“我一定得为明无忧虑、我得为我的家庭保险。我得把钱存起来以备将来年纪大的时候用。我一定得为将来计划和准备。”

不错，这一切当然都必须做。实际上，耶稣的那句话是300多年前翻译的。现在“忧虑”一词所代表的意义和当年詹姆斯王朝所代表的意义大相径庭。300多年前，“忧虑”一词通常还有焦急的意思。新译《圣经》把耶稣的这句话译得更加准确：“别为明天着急”。

不错，一定要为明天着想，小心地考虑、计划和准备，可是不要担忧。

战时的军事领袖必须为将来谋划，可是他们绝不能有丝毫的焦虑。指挥美国海军的海军上将厄耐斯特·金恩说：“我把最好的装备都提供给最优秀的人员，再交给他们一些看起来很卓越的任务。我所能做的仅此而已。”

他又说：“如果一条船沉了，我无法把它捞起来。如果船一直下沉，我也无法挡住它。我把时间花在解决明天的问题上，要比为昨天的问题后悔好得多。况且，如果我老是为这些事操心，我将支撑不了多久。”

无论战时还是平时，好主意和坏主意之间的区别就在于：好主意能考虑到前因后果，从而产生合乎逻辑而且具有建设性的计划；而坏主意则会导致一个人的紧张和精神崩溃。

最近，我很荣幸地拜访了亚瑟·苏兹柏格，他是世界上著名的《纽约时报》的发行人。苏兹柏格先生告诉我，当第二次世界大战的战火蔓延欧洲时，他感到非常吃惊。对前途的忧虑使他彻夜难眠。他常常半夜从床上爬起来，拿着画布和颜料，照看镜子，想画一张自画像。他对绘画一无所知。但为了使自己不再担心，他还是画着。最后，他用一首赞美诗中的七个字作为他的座右铭，最终消除了忧虑，得到了平安。这七个字就是："只要一步就好了"。

指引我，仁慈的灯光……
让你常在我脚旁，
我并不想看到远方的风景，
只要一步就好了。

大概就在这个时候，有个当兵的年轻人——在欧洲的某地——也同样地学到了这一点。他叫泰德·本杰明，住在马里兰州的巴铁摩尔城纽霍姆路5716号——他曾经忧虑得几乎完全丧失了斗志。

泰德·本杰明写道："1945年4月，我忧愁得患了一种被医生称为结肠痉挛的疾病，这种病使人极其痛苦。我想假如战争不在那时结束的话，我整个人就会垮了。

"当时我整个人筋疲力尽。我在第94步兵师担任士官职务，工作是搞一份作战中伤亡和失踪的情况记录，还要帮助挖掘那些在激战中阵亡后被草草埋葬的士兵，把他们的遗物送还给他们的亲友。我一直担心自己会出事，怀疑自己能否熬过这段时间，怀疑自己能不能活着回去抱抱我那尚未见面的16个月的儿子。我既忧愁又疲惫不堪。瘦了34磅，还差点儿发疯。我眼睁睁地看着双手变得皮包骨头，一想到自己瘦弱不堪地回家就害怕。我崩溃了，常常一个人哭得浑身发抖。有一段时间，也就是德军最后大反攻开始不久，我常常哭泣，这甚至使我放弃了还能恢复正常生活的希望。

“最后，我住进了医院，一位军医给了我一些忠告，整个改变了我的生活。在我做完一次全面身体检查之后，他告诉我，我的问题纯粹是精神上的。‘泰德，’他说：‘我希望你把生活想象成一个沙子漏斗。在漏斗的上半部，有成千上万颗沙粒，它们缓慢、均匀地通过中间那条细缝。除了沙子漏斗，你我都无法让两颗以上的沙粒同时通过那条窄缝。我们每个人都像这个漏斗，当一天开始的时候，有许多事情要我们尽快完成。但

我们只能一件一件地做；让工作像沙粒一样均匀地慢慢通过，否则我们就一定会损害身体和精神上的健康。’

“从值得纪念的那天起，也就是军医把这段话告诉我之后。我就一直奉行这种哲学。‘一次只通过一颗沙粒……一次只做一件事。’这个忠告在战时拯救了我，而对我目前在印刷公司的公共关系及广告部中所做的工作也有莫大的帮助。我发现在生意场上，也有类似战场的问题，即一次要做完好几件事，但时间却很有限。材料要补充，新的表格要处理，要安排新的资料，地址有变动，分公司开张或关闭。……但我不再慌乱不安。我一再重复默诵军医的忠告，工作比以前更有效率，再没有那种在战场上几乎使我崩溃的困惑、混乱的感觉。”

目前的生活方式中，最让人恐惧的就是，医院里半数以上的床位都留给了精神或神经上有问题的人。他们是被积累的昨天和令人担心的明天加在一起的重担压垮的病人。他们当中的大部分人，只要能牢记耶稣的这句话：“不要为明天忧虑”，或奥斯勒博士的这句话：“生活在一个完全独立的今天里。”今天就都能无忧无虑地走在街上，过快乐而有益的生活了。

你和我、在眼前的一刹那，都站在两个永恒的交会点上，即永远逝去的往日和永无尽头的未来的交点。我们不可能生活在两个永恒之中，哪怕是一秒钟也不行。那样会毁掉我们的身心。既然如此，就让我们以生活在这一刻而感到满足吧。罗勃·史蒂文生说：“不论担子有多重，每个人都能支持到夜晚的来临。不论工作有多苦，每个人都能完成一天的任务，都能很甜美地、很有耐心地、很可爱、很纯洁地活到太阳下山，而这就是生命的真谛。”

不错，生活对我们所要求的也就是这些。可是。住在密歇根州沙支那城法院街815号的杰尔德太太，在学到“只要生活到上床为止”这一点之前，却感到极度的颓丧，甚至于几乎想自杀。她向我讲述了这一段的生活：“1937年我丈夫死了，我觉得非常颓丧——而且几乎一文不值。我写信给我过去的老板里奥罗西先生，他是堪萨斯城罗孚公司的老板，我请求他让我回去做我过去的老工作。我从前做向学校推销世界百科全书的工作。

两年前我丈夫生病时，我把汽车卖了。为了重新工作，我勉强凑足钱，分期付款买了一部旧车，开始出去卖书。

“我原以为，重新工作或许可以帮助我从颓丧中解脱出来。可是，总是一个人驾车、一个人吃饭的生活几乎使我无法忍受。加上有些地方根本就推销不出去书，所以即使分期付款买车的数目不大，也很难付清。

“1938年春，我在密苏里州维沙里市推销书。那里的学校很穷，路又很不好走。我一个人又孤独、又沮丧，以至于有一次我甚至想自杀。我感到成功没有什么希望，生活没有什么乐趣。每天早上我都很怕起床去面对生活。我什么都怕：怕付不出分期付款的车钱，怕付不起房租，怕东西不够吃，怕身体搞垮没有钱看病。唯一使我没有自杀的原因是，我担心我的姐姐会因此而悲伤，况且她又没有充裕的钱来付我的丧葬费用。

“后来，我读到一篇文章，它使我从消沉中振作起来，鼓足勇气继续生活。我永远永远地感激文章中的那一句令人振奋的话：‘对于一个聪明人来说，每一天都是一个新的生命。’我用打字机把这句话打下来、贴在汽车的挡风玻璃窗上，使我开车的每时每刻都能看见它。我发现每次只活一天并不困难，我学会了忘记过去，不考虑未来。每天清晨我都对自己：‘今天又是一个新的生命。’

“我成功地克服了自己对孤寂和需求的恐惧，整个人都非常快活，事业也还算成功，并对生命充满了热诚和爱。我现在知道，不论在生活中会遇上什么问题，我都不会再害怕了；我现在知道，我不必惧怕未来。我现在知道。我每一次只要活一天——而‘对于一个聪明人来说，每一天就是一个新的生命’。”

猜猜下面几行诗是谁写的：

这个人很快乐，也只有他才能快乐。

因为他能把今天，称之为自己的一天；

他在今天能感到安全，能够说：

“无论明天会多么糟糕，我已经过了今天。”

这几句诗似乎很具有现代意味，但它们却是古罗马诗人何瑞斯在基督降生的39年前写下的。

我认为人们最可怜的一件事就是，我们所有的人都拖延着不去积极投入生活。我们向往着天边有一座奇妙的玫瑰园，却从不注意欣赏今天就开放在我们窗口的玫瑰。

我们怎么会变成这种傻子——这种可怜的傻子呢？

“我们生命的小小历程是多么奇特呀，”史蒂芬·里高克写道：“小孩子常说：‘等我是个大孩子的时候。’可是又怎么样呢？大孩子常说：‘等我长大成人以后。’等他长大成人以后，他又说，‘等我结婚以后。’可是结了婚又能怎么样呢，他们的想法又变成了‘等我退休以后。’然而，退休之后，他回过头看着他所经历的一切，似乎像有一阵冷风吹过。不知怎么，他把所有的都错过了，而一切又都一去不复返了。我们总是不能及早领悟：生命就在生活里，就在每天和每时每刻中。”

底特律城已故的爱德华·伊文斯先生，在学会“生命就在生活里，就在每天和每时每刻中”之前，几乎忧郁自杀。爱德华生长在贫苦家庭，最初靠卖报为生，后来在杂货店做店员，家中七人靠他吃饭，他只得找新的工作，做了助理图书管理员，尽管工资微薄，他也不敢辞职。八年之后，他才鼓起勇气开创自己的事业，竟然时来运转，用借来的50元钱发展到一年净赚20 000美元。可惜好景不长，他存钱的银行倒闭了，他不但损失了全部财产，还负债16 000美元。他经受不住这样的打击。“我吃不下，睡不着，”他说，“我开始生起奇怪的病来，病因纯粹是忧郁过度。有一天我走路时昏倒在路边从此只能卧床休息，结果全身都烂了，最后连躺着都痛苦不堪。这时医生告诉我，我大约只能活两个星期了。我大为震惊，只得写好遗嘱躺下等死。这样一来，忧虑也就多余了。我放松下来，闭目休养了好几个星期。虽然每天睡眠不足两小时，但却很安稳，那些令人疲倦的忧虑渐渐消失了，胃口也渐渐好起来，体重也开始增加。

“又过了几星期，我能拄着拐杖走路了。六星期后我又能回去工作了。过去我的年薪曾达20 000元，现在能找到每周30元的工作就很高兴了。我的工作是推销一种挡板，我不再后悔过去，也不害怕将来，而是将全部时间、精力、热诚都放在推销工作上。”

爱德华·伊文斯的事业发展迅速。没几年，他已是伊文斯工业公司的董事长。从那以后，他的公司长期雄霸纽约股票市场。如果你去格陵兰，很可能会降落在伊文斯机场，这是为纪念他而命名的。但是，他如果没学会“生活在完全独立的今天”，那绝不会有这样的成功。

你大概还记得白雪公主的话：“这里的规矩是，明天可以吃果酱，昨天可以吃果酱。但今天不准吃果酱。”我们大多数人也是这样——为了明天的果酱和昨天的果酱发愁，却不肯把今天的果酱厚厚地涂在现在吃的面包上。

就连伟大的法国哲学家蒙田也犯过同样的错误。他说：“我的生活中，曾充满可怕的不幸。而那些不幸大部分从未发生。”我和你的生活也是这样。

但丁说：“想一想吧，这一天永远不会再来了。”生命正以令人难以置信的速度飞快地溜过。今天才是最值得我们珍视的唯一的时间。

这也是劳费尔·汤玛斯的想法。我最近在他的农场度过一个周末。他在他电台的墙上挂了个镜框，里面是这样的诗句：

这是耶和华所订的日子，

我们在这天要高兴欢喜。

约翰·罗金斯在他的桌子上放了一块石头，上面刻着“今天”，我的书桌上没有石头，不过我的镜子上倒贴着一首诗，每天早上刮胡子时都能看见。这也是奥斯勒博士常常放在他桌上的那首诗，作者是一个很有名的印度戏剧家——卡里达沙：

向黎明致敬
看着这一天！
因为它就是生命的源泉。
……
昨天不过是一场梦，
明天只是一个幻影。
但生活在今天，
却能使昨天是快乐的梦，
明天变成有希望的幻影。
好好看着这一天吧，
你要这样向黎明致敬。

你如果不希望忧虑侵入你的生活，你就应该像奥斯勒博士说的那样：

用铁门把过去和未来隔断，
生活在完全独立的今天。

现在请你问一问自己以下的问题并答出答案：

(1) 我是否忘了生活在今天而只担心未来，我是不是追求所谓“遥远奇妙的玫瑰园”？

(2) 我是不是常为往事后悔，让今天过得更难受？

(3) 我早晨起来的时候，是不是决定“抓住这24小时”？

(4) 如果“生活在完全独立的今天”，是否能使我从生命中得到更多？

(5) 我什么时候应该开始这么做？下星期……明天……还是今天？

清除忧虑的“万能公式”

这套公式曾使一个带着棺材航行的垂死病人体重增加了40千克。

你是否想得到一个迅速而有效的清除忧虑的办法？也就是看上几页书就能马上付诸实践的方法？

如果你回答“是的”，那么请允许我介绍威利·卡尔发明的这个方法。卡瑞尔是个聪明的工程师，他开创了空调制造行业，现在是这世界上著名的卡瑞尔公司的负责人。我们在纽约的工程师俱乐部共进午餐时，他亲口告诉了我这个办法。

“年轻的时候，”卡瑞尔先生说：“我在纽约州水牛城的水牛钢铁公司做事。有一次我要去密苏里州水晶城的匹兹堡玻璃公司的下属工厂安装瓦斯清洗器。这是一种新型机器，我们经过一番精心调试，克服了许多意想不到的困难，机器总算可以运行了，但性能没有达到我们预期的指标。

“我对自己的失败深感惊诧，仿佛挨了当头一棒，竟然犯了肚子疼，好长时间没法睡觉。最后，我觉得忧虑并不能解决问题，便琢磨出一个办法，结果非常有效。这个办法我一用就是30年。其实很简单，任何人都可以使用。其中有三个步骤：

“第一步，我坦然地分析我面对的最坏的结局，如果失败的话，老板会损失20 000美元，我很可能会丢掉差事，但没人会把我关起来或枪毙掉。这是肯定的。

“第二步，我鼓励自己接受这个最坏的结果。我告诫自己，我的历史上会出现一个污点，但我还可能找到新的工作。至于我的老板，20 000美元还付得起，权且作了实验费。

“接受了最坏的结果以后，我反而轻松下来了，感受到许多天来从不曾有过的平静。

“第三步，我就开始把自己的时间和精力投入到改善最坏结果的努力中去。

“我尽量想一些补救办法，减少损失的数目。经过几次试验，我发现如果再用5 000美元买些辅助设备，问题就可以解决。果然，这样做了以后，公司不但没损失那20 000美元，反而赚了15 000

美元。

“如果我当时一直担心下去的话，恐怕再也不可能做到这一点了。忧虑的最大坏处，就是会毁掉一个人的能力，忧虑使人思维混乱。我们强迫自己接受最坏的结局时，我们就能把自己放在一个可以集中精力解决问题的地位。

“这件事发生在很久以前。由于那种办法十分有效，我多年来一直使用它。结果，我的生活里几乎很难再有烦恼了。”

为什么卡瑞尔的办法这么有实用价值呢？从心理学上讲，它能够把我们从那个灰色云层中拉下来，使我们的双脚稳稳地站在地面。假如我们脚下没有结实的土地，又怎么能把事情做好呢？

应用心理学之父威廉·詹姆斯教授已经去世38年了，假如他还活着，今天听说了这个公式也一定会深为赞赏的。因为他曾说过：“能接受既成事实，是克服随之而来的任何不幸的第一步。”

林语堂在他那本深受欢迎的《生活的艺术》里也说过同样的话。这位中国哲学家说：“心理上的平静能顶住最坏的境遇，能让你焕发新的活力。”

这话太对了。接受了最坏的结果后，我们就不会再损失什么了，这就意味着失去的一切都有希望回来了。

可是生活中还有成千上万的人为愤怒而毁了生活，因为他们拒绝接受最坏的境况，不肯从灾难中尽可能地救出点儿东西。他们不但不重新构筑自己的大厦，反而成了忧郁症的牺牲者。

你是否愿意看看其他人对卡瑞尔公式的运用实例？下面这个例子讲的是我班上的一名学生，目前他是纽约的油商。

“我被敲诈了！”他说。

“我不相信会有这种事。简直是电影里的镜头！事情是这样的：我主管的石油公司里有些运油司机把应该给顾客的定量油偷偷地剋扣下来卖掉。一天，一个自称是政府调查员的人来找我，向我要红包。他说他掌握了我们运货员舞弊的证据。他威胁说，如果我不答应的话，他就把证据转交给地方检察官。这时我才知道公司存在这种非法的买卖。

“当然这与我个人没有什么关系，但我知道法律有规定，公司必须为自己职工的行为负责。而且，万一案子闹到法院，上了报，这种坏名声就会毁了我的生意。我为自己的生意骄傲——那是父亲在24年前打下的基础。

“当时我急得生了病，整整三天三夜吃不下睡不着。我一直在这件事里打转转。我是该付那笔钱——5 000美金——还是该对那个人说，你想怎么干就怎么干吧。我一直拿不定主意，每天都做噩梦。

“星期天晚上。我随手拿起一本《怎样不再忧虑》，这是我去听卡耐基公开讲演时拿到的。我读到威利·卡瑞尔的故事时看到这些话：‘面对最坏的情况。’于是我向自己提问：‘如果我不给钱，那些勒索者把证据交给地检处的话，可能发生的最坏情况是什么呢？’

“答案是：‘毁了我的生意——仅此而已。我不会被抓起来，仅仅是我被这件事毁了。’

“于是，我对自己说：‘好了，生意即使毁了，但我在心理上可以承受这一点，接下去又会怎么样呢？’

“嗯，生意毁掉之后，也许我得另找个工作。这也不难，我对石油行业很熟悉——几家大公司也许会雇用我……我开始感觉好过多了。三天三夜以来的那种忧虑也开始逐渐消散。我的情绪基本稳定下来，当然也能开始思考了。

“我清醒地看到了下一步——改善不利的处境。我思考解决办法的时候，一个崭新的局面展现在我的面前。如果我把整个情况告诉我的律师，他也许能找到一条我没有想到的新路。我过去一直没有想到这一点，这完全是因为我只是一直在担心而没有好好地思考。我立即打定主意——第二天一早就去见我的律师——接着我上了床，睡得安安稳稳。

“第二天早上。我的律师让我去见地方检察官，把整个情况全部告诉他。我照他的话做了，当我说出原委后，出乎意料地听到地方检察官说，这种勒索已经连续几个月了，那个自称是‘政府官员’的人，其实是个警方的通缉犯。在我为无法决定是否该把5 000美元交给那个职业罪犯而担心了三天三夜之后，听到他这番话，真是长长地松了口气。

“这次经历给我上了终生难忘的一课。现在，每当我面临会使我忧虑的难题时，‘威利·卡瑞尔的老公式’就会派上用场。”

住在麻省曼彻斯特市温吉梅尔大街52号的艾尔·汉里1948年11月17日在波士顿史蒂拉大饭店亲口告诉我关于他自己的故事：

“在20年代，我因常常发愁患了胃溃疡。一天晚上，我的胃出血了，被送到芝加哥西比大学的医学院附属医院，体重也从170磅降到了90磅。我的病非常严重，以至于医生连头都不许我抬。医生们认为我的病是不可救药了。我只能吃苏打粉，每小时吃一匙半流质的东西。每天早晚护士都用一条橡皮管插进我的胃里，把里面的东西洗出来。

“这种情况持续了几个月……最后，我对自己说：‘你睡吧，汉里。如果你除了等死之外没有什么其他的指望的话，不如充分利用利用你余下的生命。你一直想在你死之前周游世界，如果你还有这个梦想，只有现在就去做了。

“当我告诉那几位医生我要去周游世界的时候。他们大吃一惊。这是不可能的，他们警告说，他们从来没有听说过这种事。如果我去周游世界，我就只有葬在海里了。‘不，不会的’，我说。‘我已经答应过我的亲友，我要葬在雷斯卡州我们

老家的墓园里，所以我打算随身带着棺材。’

“我买了一具棺材。把它运上船，然后和轮船公司商定，万一我死了，就把我的尸体放在冷冻仓中，直到回到我的老家。我踏上了旅程，心里默念着奥玲凯立的那首诗：

啊，在我们零落为泥之前，
岂能辜负这一生的娱欢？
物化为泥，永寐于黄泉之下，
没酒、没弦、没歌伎、而且没有明天。

“我从洛杉矶登上亚当斯总统号向东方航行时，已经感觉好多了。渐渐地，我不再吃药，也不再洗胃了。不久之后。任何食物我都能吃了——甚至包括许多奇特的当地食品和调味品，这些都是别人说我吃了一定会送命的东西。几个星期过去了，我甚至可以抽长长的黑雪茄，喝几杯老酒。多年来我从未这样享受过。我们在印度洋上碰到季节风，在太平洋上遇到台风，可我却从这次冒险中，得到了很大的乐趣。

“我在船上玩游戏、唱歌、交新朋友，晚上聊到半夜。到了中国和印度之后，我发觉自己回去后要料理的私事，与在东方看到的贫困和饥饿相比，真有天壤之别。我抛弃了所有无聊的忧虑，觉得非常舒服。回到美国后，我的体重增加了90磅，几乎完全忘记我曾患过胃溃疡。一生中我从未感到这么舒服、健康。”

艾尔·汉里告诉我，他发觉自己在潜意识中运用了威利·卡瑞尔克服忧虑的办法。

“首先，我问自己：‘可能发生的最坏情况是什么？’答案是：死亡。

“其次，我让自己准备好迎接死亡。我不得不这样，因为我别无选择，几个医生都说我没有希望了。

“再次，我想方设法改善这种状况。办法是：‘尽量享受剩下的这一点点时间’……”他继续说：“如果我上船后继续忧虑下去，毫无疑问我会躺在棺材里结束这次旅行。可是，我完全放松，忘记所有的烦恼，而这种心理平衡，使我产生了新的活力，拯救了我的生命。”

所以，第二条规则是：如果你有忧虑，就应用威利·卡瑞尔的万灵公式，做下面三件事：

(1) 问你自己："可能发生的最坏情况是什么？"

(2) 如果你不得不如此，你就做好准备迎接它。

(3) 镇定地想方设法改善最坏的情况。

忧虑是长寿的克星

我们可以用双手去处理烦人的日常工作，但不要让它们影响到肝、肺、血液里去。

很久以前的一天晚上，一个邻居来按我的门铃，让我们全家去种牛痘，预防天花。他是整个纽约市中几千名志愿去按门铃的人之一。许多被吓坏了的人，排好几个小时的队种牛痘。种牛痘站不仅设在所有的医院，还设在消防队、派出所和大的工厂里。大约有2 000名医生和护士夜以继日地忙碌着为大家种牛痘。怎么会这么热闹呢？原来纽约市有8个人得了天花——其中两个人死了——800万的人口里死了两个人。

我在纽约已经住了37年了，可是至今还没有一个人来按我的门铃，警告我预防精神上的忧郁症——这种病，在过去37年里，所造成的损害，比天花至少要大10 000倍。

从来没有人按门铃告诫我，目前生活在这个

世界上的人，每10个人中就会有一个人将精神崩溃，主要原因就是忧虑和感情冲突。所以我现在写这一章，就等于来按你的门铃警告你。

得过诺贝尔医学奖的亚力西斯·柯瑞尔博士说：“不知道如何消除忧虑的商人命不长。”其实，何止是商人，家庭主妇、兽医和泥瓦匠也都是如此。

几年前，我度假时，和圣塔菲铁路的医务处长郭伯尔博士谈到了忧虑对人的影响。他说：“找医生看病的病人中，有70%，只要能够消除他们的恐惧和忧虑，病自然就会好起来。不要误会他们是自以为生了病，实际上，他们的病都像你有一颗蛀牙一样确实，有时甚至还要严重一百倍。如神经性消化不良、某些胃溃疡、心脏不舒服、失眠症、一些头痛症以及某些麻痹症等。这些病都是真病。”郭伯尔博士说：“我说这些话是有根据的，因为我自己就得过12年的胃溃疡。恐惧使人忧虑，忧虑使人紧张、从而影响到人的植物神经，使胃液由正常变为不正常，因而产生胃溃疡。”

曾写过《神经性胃病》一书的约瑟夫·孟坦博

士也说过同样的话。他指出，“胃溃疡的产生，不在于你吃了什么，而在于你忧虑什么。”

梅育诊所的法瑞苏博士认为：“胃溃疡通常根据人情绪紧张的程度而发作或消失。”这种看法在研究了梅育诊所15 000名胃病患者的纪录之后得到证实。有4/5的病人得胃病并非是生理因素，而是恐惧、忧虑、憎恨、极端的自私以及对现实生活的无法适应。根据《生活》杂志的报道，胃溃疡现居死亡原因名单的第10位。

梅育诊所的哈罗·海彬博士在全美工业界医师协会的年会上宣读过一篇论文，说他研究了176位平均年龄在44.3岁的工商业负责人。大约有1/3强的人由于生活过度紧张而引起心脏病或消化系统溃疡或高血压。想想看，在我们工商业的负责人中有1/3的人都患有心脏病、溃疡和高血压，而他们还不到45岁，成功的代价是多么高呀！就算他能赢得全世界，却损失了自己的健康，对他个人来说，又有什么好处呢？即使他拥有全世界，每次也只能睡在一张床上，每天也只能吃三顿饭。就是一个挖水沟的人，也能做到这一点，而且还可能比一个有权力的公司负责人睡得更安稳，吃得更香。我情愿做一个在阿拉巴马州租田耕种的农夫，也不愿意在不到45岁时，就为了要管理一个铁路公司，或是一家香烟公司，而毁掉自己的健康。

说到香烟，一位世界最知名的香烟制造商，最近在加拿大森林中想轻松一下的时候，突然心脏病发作死了。他拥有几百万元的财产，却61岁时就死了。他也许是牺牲了好几年的生命，换取所谓“事业上的成功”。在我看来，他的成功还不及我父亲的一半。我爸爸是密苏里州的农夫，虽经济拮据，却活到了89岁。

著名的梅育兄弟宣布，他们有一半以上的病人患有神经病。可是，在强力显微镜下，以最现代的方法检查他们的神经时，却发现大部分都是非常健康的。他们“神经上的毛病”不是因为神经本身有什么反常，而是因为情绪上的悲观、烦躁、焦急、忧虑、恐惧、挫败和颓丧等等。柏拉图说过：“医生所犯的最大错误在于，他们只治疗身体，不医治精神。但精神和肉体是一体的，不可分开处置。”

医药科学界花了2 300年的时间才明白这个道

理，一门崭新的医学——“心理生理医学”开始发展，对精神和肉体同时治疗。现在医学已经消除了可怕的、由病毒或细菌引起的疾病——比如天花、霍乱等种种曾把数以百万计的人埋进坟墓的传染病。可是医学界还不能治疗生理、心理上那些不是由细菌引起的，而是由于情绪上的忧虑、恐惧、憎恨、烦躁以及绝望所引起的病症。这种情绪性疾病所引起的灾难正日益加重，日渐广泛，而且速度又快得惊人。

医生估计：现在还活着的美国人，每20个就有一个人在某段时期得过精神病。第二次世界大战时应召的美国年轻人，每6个人中就有一个因为精神失常而不能服役。

什么是精神失常的原因？没有人知道全部答案。可是在大多数情况下极可能是由恐惧和忧虑造成的。焦虑和烦躁的人多半不能适应现实而跟周围的环境断绝所有的关系，退缩到他自己的幻想世界，借此解决他所有的忧虑。

爱德华·波多尔斯基博士《除忧去病》一书中有以下几章的题目：

忧虑对心脏的影响

忧虑造成高血压

忧虑可能导致风湿症

为了你的胃减少忧虑

忧虑会使你感冒

忧虑和甲状腺

忧虑的糖尿病患者

另外一本谈忧虑的好书，是卡尔·明梅尔博士的《自找麻烦》。这本书不会告诉你避免忧虑的规则，可是却能告诉你一些很可怕的事实，让你看清楚人们是怎样用忧虑、烦躁、憎恨、懊悔等情绪来伤害身心健康的。

忧虑甚至会使最坚强的人生病。在美国南北战争的最后几天里，格兰特将军发现了这一点。故事是这样的：格兰特围攻瑞其蒙达9个月之久，李将军手下衣衫不整、饥饿不堪的部队被打败了。有一次，好几个兵团的人都开了小差，其余的人在他们的帐篷里祈祷——叫着、哭着，看到了种种幻象。眼看战争就要结终了，李将军手下的人，放火烧了瑞其蒙的棉花和烟草仓库，也烧了兵工厂。然后。在烈焰升腾的黑夜里弃城而逃。格兰特乘胜追击，从左右两侧和后方夹击南部联军，骑兵从正面截击。

由于剧烈头痛而眼睛半瞎的格兰特无法跟上队伍。就停在一家农户前。“我在那里过了一夜”，后来，格兰特在自己的回忆录中写道：“把我的双脚泡在加了芥末的冷水里，还把芥末药膏贴在我的两个手腕和后颈上。希望第二天早上能复原。”

第二天早上，他果然复原了。可是，使他复原的，不是芥末膏药，而是一个带回李将军降书的骑兵。

“当那个军官（带着那封信）到我面前时”，格兰特写道：“我的头还疼得很厉害，可是我看了那封信后，立刻就好了。”

显然，格兰特是因为忧虑、紧张和情绪上的不安才生病的。一旦在情绪上恢复了自信，想到胜利，病就马上好了。

在罗斯福内阁中担任财政部长的亨利·莫建索在他的日记里写道：罗斯福为了提高小麦价格，一天之内购买了440万蒲式耳的小麦，这使他非常担心。“在这件事没有结果之前，我觉得头晕眼花。回到家里，我在午饭后睡了两小时。”

假如我想看着忧虑对人会有什么影响，那我不必到图书馆找文字记载，而只需坐在家里望望窗外，就会发现那座楼房里有个人已经因为忧虑患了糖尿病，另一间房子里有个人精神已经崩溃。

著名法国哲学家蒙田在被推选为家乡的市长时曾对市民说："我愿意用我的双手来处理你们的事务，但不想把它们搞到我的肝和肺里。"

康乃尔大学医学院的罗素·西基尔博士是世界著名的关节炎治疗权威。他列举了四种最容易得关节炎的情况：

(1) 婚姻破裂。

(2) 财务上遇到难关。

(3) 寂寞和忧虑。

(4) 长期的愤怒。

当然，这些不是关节炎的唯一病因，但它们是最常见的病因。我的一个朋友在经济萧条时遭到很大损失，煤气公司停止向他供应煤气，银行没收了他抵押的房产。他的夫人便患了关节炎，发病突然，多方治疗仍不见效，直到他的经济状况好转，她的病才算康复。

忧虑甚至会使你患龋齿。威廉·麦克高陵格博士在全美牙医协会的一次演讲中说："由于焦虑、恐惧等产生的不快情绪，可能影响到人的钙质平衡，使牙齿容易受蛀。"麦克高陵格博士谈到他有位病人过去牙齿很好，后来他的妻子得了急病，使他开始担心起来。就在他妻子住院的那3个星期中，他突然有了9颗蛀牙——显然是由于焦虑引起的。

甲状腺原来是应该使身体规律化的，它一旦反常，心跳就会加快，整个身体就会亢奋得像一个打开所有炉门的火炉，若不动手术或不加以治疗的活，病人就很可能死掉，很可能"把他自己烧干"。前不久，我陪一位得这种病的朋友到费城找主治这种病38年的著名专家西伊士内·布南博士治病。他候诊室的墙上，挂着一块大木牌，上面写着他给病人的忠告：

轻松和享受

最能使你轻松愉快的是：

健全的信仰、睡眠、音乐和欢笑

对上帝要有信心——要学会睡得安稳

喜欢动听的音乐——幽默地看待生活

健康和欢乐就会属于你

他向我的朋友提出的第一个问题就是：“你情绪上有什么问题使你产生这种情况？”他警告我的朋友，如果继续忧虑下去，就可能染上其他的并发症或心脏病、胃溃疡，或者糖尿病。这位名医说：“所有这些疾病，都互相有亲戚关系，甚至是近亲——它们都是因忧虑而产生的。”

女明星曼儿奥白朗告诉我她绝对不会忧虑，因为忧虑会摧毁她在银幕上的主要资金——美貌。她告诉我说：“我刚开始打进影坛时，既担心又害怕。我刚从印度回来，在伦敦没有一个熟人。我见过几个制片人，没有一个肯启用我。我仅有的一点儿钱渐渐用光了。整整两个星期，我只靠一点饼干和水充饥。我对自己说：‘也许你是个傻子，你永远也不可能闯进电影界。你没有经验，没演过戏，除了一张漂亮的脸蛋，你还有些什么呢？’

“我照了照镜子。突然发觉到忧虑对我容貌的影响。看见忧虑造成的皱纹，看见焦虑的表情，我对自己说：‘你必须立即停止忧虑。你能奉献的只有容貌，而忧虑会毁掉它的。’”

没有什么会比忧虑令女人老得更快，并能摧

毁她的容貌的了。忧虑会使我们的表情难看，会使我们咬紧牙关。会使我们脸上出现皱纹，会使我们总显得愁眉苦脸，会使我们头发灰白，甚至脱落，忧虑会使你脸上出现雀斑、溃烂和粉刺。

心脏病是当今美国的头号杀手。第二次世界大战期间，大约有30余万人死在战场上；可在同一时期内，心脏病却杀死了200万平民——其中100万人的心脏病是因忧虑和生活过度紧张引起的。

死于心脏病的医生比农民多20倍，因为医生过的是紧张的生活。

威廉·詹姆斯说："上帝可能原谅我们所犯的错，可我们自己的神经系统却不会原谅。

"这是一件令人吃惊而且难以置信的事实：每年死于自杀的人，比死于种种常见传染病的还要多。"

为什么会如此呢？答案通常都是"因为忧虑"。

古时候，残忍的将军折磨俘虏时，常常把俘虏的手脚绑起来，放在一个不住地往下滴水的袋子下面。水滴着……滴着……夜以继日，最后，这些不停地滴落在头上的水，变成似乎是槌子在敲击的声音，使那些俘虏精神失常。这种折磨的办法，西班牙宗教法庭和纳粹德国集中营都曾使用过。

忧虑就像不停地往下滴的水，而那不停地往下滴、滴、滴的水，通常会使人精神失常以致自杀。

我小时候听牧师形容地狱的烈火曾吓得半死，可是他却从来没有提到，我们此时此地由忧虑带来的生理痛苦的地狱烈火。比如说，如果你长期忧虑下去的话，你总有一天会得到最痛苦的病症——狭心症。

啊，要是发作起来，会使你痛得尖叫。与你的尖叫比起来，但丁的《地狱篇》听起来简直是“儿童玩具园”了。到那时，你就会对自己说：“噢，上帝啊！要是我能好的话，我永远也不会再为任何事忧虑了——永远也不会了。”

你爱生命吗？你想健康、长寿吗？下面就是你能做到的方法。我引用亚力西斯·柯瑞尔博士的一句话：“在现代城市的混乱中，只有能保持内心平静的人才不会变成神经病。”

你能否在现代城市的混乱中保持自己内心的平静呢？如果你是一个正常人，答案应该是："可以的"、"绝对可以"。我们大多数人，实际上都比我们所认识的更坚强。我们有许多从来没有发现的内在力量，正如梭罗在他的不朽名著《狱卒》中所说的："我不知道有什么会比一个人能下定决心提高他的生活能力更令人振奋的了……如果一个人，能充满信心地朝他理想的方向努力，下定决心过他所想过的生活，他就一定会得到意外的成功。"

我相信很多读者都会有像欧嘉·佳薇的那种意志力和内在的力量。她住在爱达华州，在最悲惨的情况下发现自己还能够克服忧虑。"八年半前，医生宣告我不久将离开人世，会很慢、很痛苦地死于癌症。国内最有名的医生梅育兄弟证实了这个诊断。我走投无路，死亡就要扑向我。我还年轻、我不想死。绝望之余，我给我的医生打电话告诉他我内心的绝望。他有些不耐烦地拦住我说：'欧嘉，你怎么了？难道你一点斗志也没有了吗？你要是一直这样哭下去的话，毫无疑问，你一定会死的。不错，你确实是碰上了最坏的情况。要面对现实，不要忧虑，然后再想点办法。就在那一刹那，我发了一个誓，我的态度严肃得指甲都深深地掐进肉里，而且背上一阵发冷：‘我不会再忧虑了，我不会再哭泣了。如果还有什么需要我常常想起的，那就是我一定要赢，我一定要活下去！’

“在不能用镭照射的情况下，每天只能用X光照射10分半钟，连续照13天。但医生每天为我照14分半钟，连续照了49天。虽然我的骨头在我消瘦的身体上犹如荒山边上的岩石，虽然我的两脚重得像铅块。我却不忧虑，也没哭过一次。我面带微笑，不错，我的确是勉强自己微笑。

“我不会傻到以为只要微笑就能治疗癌症。可我确信，愉快的精神状态将有助于抵抗身体的疾病。总之，我经历了一次治愈癌症的奇迹。在过去几年里，我从未像现在这样健康过，这都多亏了这句富于挑战性和战斗性的话：‘面对现实。不要忧虑，然后再想点办法。”

在这一章结束的时候，我要再重复一次亚力西斯·柯瑞尔博士的那句话：“不知道怎样抗拒忧虑的人，都会短命。”

我希望这本书的每一位读者能把这句话记在心中。

柯瑞尔博士是否在说你呢？

很可能是的。

第二章

分析忧虑的方法

解开忧虑之谜

如果我们把忧虑的时间用来分析和看清事实，那么忧虑就会在我们智慧的光芒下消失。

前面提到的威利·卡瑞尔的万能公式，能否解决所有令你忧虑的问题呢？当然不可能。

那么应该怎么办呢？答案是：我们一定要掌握以下三个分析问题的基本步骤，来解决各种不同的困难。这三个步骤是：

(1) 看清事实。

(2) 分析事实。

(3) 作出决定——然后照办。

太简单了吧？不错，这是亚里士多德教的。他也使用过。我们如果想解决那些逼迫我们，使我们像日夜生活在地狱一般的忧虑问题，我们就必须运用它。

我们先来看第一条：看清事实。看清事实为什么如此重要呢？因为除非我们能把事实看清楚，否则就不能很聪明地解决问题。看不清事实，我们就只能在混乱中摸索。这是已故的哥伦比亚大学、哥伦比亚学院院长郝伯特·赫基斯所说的，他曾协助过20万个学生消除忧虑。他告诉我说："混乱是产生忧虑的主要原因。"他说，世界上的忧虑，大多数是因为人们没有足够的知识作出决定而产生的。"比如说，我有一个问题必须在下星期二以前解决，那么在下星期二之前，我根本不会试图作出什么决定。在这段时间里。我只是集中精力去寻找有关这个问题的所有事实，因此我不会忧虑，不会失眠。等到星期二，如果我已经看清了所有的事实，一般说来，问题本身就会迎刃而解了。"

我问赫基斯院长，这是否表明他已完全摆脱忧虑？他说："是的，我想我现在生活里完全没有忧虑。我发觉。一个人如果能够把他所有的时间都花在以一种很超然、很客观的态度去看清事实，那他的忧虑就会在他知识的光芒下消失得无影无踪。"

可是我们大多数人会怎样做呢？如果我们一直假定2+2=5。那不是连做一道二年级的算术题也有困难吗？可是事实上世界上有很多很多人，硬是坚持说2+2=5——或者是等于500——害得自己和别人的日子都很不好过。

对此。我们能怎么办呢？我们得把感情成分摈弃于思想之外，就像郝基斯院长所说的，我们必须以“超然、客观”的态度去认清事实。人们忧虑的时候，往往情绪激动。不过，我找到两个办法有助于我们以清晰客观的态度看清所有的事实：

（1）在收集事实时，我假装不是在为自己，而是在为别人。这样就可以保持冷静而超然的态度，也可以帮助自己控制情绪。

（2）在收集造成忧虑的各种事实时，我也收集对自己不利的事实——那些有损我的希望，和我不愿意面对的事实。

然后我把这一边和另外一边的所有事实都写出来——而真理就在这两极的中间。

这就是我要说明的要点。如果不先看清事实的话，你、我、爱因斯坦，甚至美国最高法院，也无法对任何问题做出很聪明的决定。爱迪生很清楚这一点。他死后留下了2 500本笔记本，里面记满了他面临各种问题的事实。

所以，解决我们问题的第一个办法是：看清事实。在没有以客观态度收集全部事实之前，不要先考虑如何解决问题。

不过，即使把全世界所有的事实都收集起来，如果不加以分析，对我们也没有丝毫好处。

根据我个人的体会，先把所有的事实写下来，再做分析，事情就会容易得多。实际上，单是在纸上把问题明明白白地写出来，就可能有助于我们做出一个合理的决定。正如查尔斯·吉特林所说的："只要能把问题讲清楚，问题就已经解决了一半。"

就拿格兰·里区菲来说——他是一个在远东地区非常成功的美国商人。1942年，日军侵入上海，里区菲先生正在中国。他告诉我说：

"日军轰炸珍珠港后不久就占领了上海。我当时是上海亚洲人寿保险公司的经理。日军派来一个所谓'军方的清算员'——实际上他是个海军上将——命令我协助他清算我们的财产。我一点办法也没有，要么就和他们合作，要么就是死路一条。

“我开始遵命行事，因为我别无他法。不过有一笔大约75万美元的保险费，我没有填在那张要交出去的清单上，因为这笔钱用于我们的香港公司，跟上海公司的资产无关。不过，我还是怕万一被日本人发现此事，对我的处境会非常不利。他们果然很快就发现了。

“他们发现时我不在办公室，我的会计主任在场。他告诉我说，那个日本海军上将大发脾气，拍桌子骂人，说我是个强盗，是个叛徒，说我侮辱了日本皇军。我知道这是什么意思，我知道我会被他们抓进宪兵队去。

“宪兵队，就是日本秘密警察的行刑室。我有几个朋友就是宁愿自杀也不愿意被送到那个地方去。有些朋友在那里被审讯了10天，受尽酷刑，惨死在那个地方。现在我自己也要进宪兵队了。

“星期天下午听到这个消息后，我非常紧张。多年来，每当我担心的时候，总坐在打字机前，打下两个问题及其答案。两个问题是：

(1) 我担心的是什么？

(2) 我该怎么办？

“过去我都不把答案写下来，只在心里琢磨。后来我发现同时把问题和答案都写下来，能使思路更加清晰。所以，在那个星期天下午，我直接回到上海基督教青年会的住处，取出我的打字机，打下：

(1) 我担心的是什么？我怕明天早上会被关进宪兵队里。

(2) 我该怎么办呢？我花了几个小时想着这个问题，写下了四种可能采取的行动以及后果。

①我可以去向日本海军上将解释。可是他‘不懂英文’，如果找个翻译来跟他解释，会使他更加恼火，我就只有死路一条了。

②我可以逃走。这点是不可能的，他们一直在监视我，如果打算逃走的话，很可能被他们抓住而枪毙掉。

③我可以留在我的房间里不再去上班。但如果我这样做，那个海军上将很可能会起疑心，也许会派兵来抓我，根本不给我说话的机会就把我关进宪兵队了。

④星期一早上，我照常上班。那个海军上将可能正在忙着，忘掉了那件事。即使他还记得，也可能已经冷静下来，不再找麻烦。即使他来吵，我仍然还有个机会解释。

“我前思后想，决定采取第四个办法——像平常一样星期一早上去上班。然后，我松了口气。

“第二天早上我走进办公室时，那个日本海军上将就坐在那儿，叼根香烟，像平常一样地看了我一眼，什么话也没说。六个星期后他被调回东京，我的忧虑就此告终。

“这完全归功于那个星期天下午我坐下来写出各种不同的情况及其后果，然后镇定地做出决定。如果我当时迟疑不决、心乱如麻，就会在紧要关头走错一步。仅是满面惊慌和愁容就可能引起那个日本海军上将的疑心，促使他采取行动。

“采取以下四个步骤，就能消除我90%的忧虑：

(1) 清楚地写下我所担心的是什么？

(2) 写下我可以怎么办。

(3) 决定该怎么办。

(4) 马上就照决定去做。”

里兰·里区菲诚恳地告诉我：他的成功应归功于这种分析忧虑、正视忧虑的方法。

他的方法为什么这么好呢？因为它有效而又直攻问题的核心。而最重要的是第三步，也是最不可缺少的一步：决定该怎么做。除非我们能够立即采取行动，否则我们收集事实和加强分析都失去了作用——变得纯粹是一种精力的浪费。

威廉·詹姆斯说："一旦作出决定，当天就要付诸实施，同时要完全不理会责任问题，也不必关心后果。"（在这种情况下，他无疑把"关心"当做是"焦虑"的同义词。）他的意思是，一旦你以事实为基础，作出一个很谨慎的决定，就该立即付诸行动，不要停下来再重新考虑，不要迟疑、担忧和犹豫；不要怀疑自己；不要回头看。

我问一位俄克拉荷马州最成功的石油商人怀特·菲利浦，如何把决心付诸行动。他回答说："我发现，如果超过某种限度之后，还一直不停地思考问题的话，一定会造成混乱和忧虑。当调查和多加思考对我们无益的时候，也就是我们该下决心、付诸行动、不再回头的时候。

"你何不马上利用格兰·里区菲的方法来解除你的忧虑呢？

"第一个问题——我担忧的是什么？

"第二个问题——我能怎么办？

"第三个问题——我决定怎么做？

"第四个问题——我什么时候开始做？"

如何减少工作上的忧虑

我们常花一两个小时开会讨论问题，却没有人明白真正的问题是什么。

如果你是个生意人，也许会认为：这个标题真荒谬。我干这行已经十几年了，居然有人想要告诉我怎么消除生意上50%的麻烦——简直是荒谬绝伦。

这话一点也不错。如果我在几年前看到这样的标题，也会有这样的感觉。这个标题好像能帮助你，实则不值一文。

让我们开诚布公吧。也许我的确不能帮你解决生意上50%的忧虑，从我刚才分析的结果来看，除了你自己，没有人能做到这一点。可是，我所能做到的是，让你看看别人是怎样做的，剩下的就要看你了。

前面曾经提过世界著名的亚力西斯·柯瑞尔博士的这句话，“不知道怎样克服忧虑的人，都会短命”。

既然忧虑的后果如此严重，那么，如果我能帮助你消除——即使是其中的10%，你也许会满意。我下面就要告诉你一位企业家，如何不只消除了他50%的忧虑，还节省了70%过去用于开会、用于解决生意问题的时间。

当然，我不会告诉你那些根本无法证实的事情，这件事情的主角是一个活生生的人——里昂·胥孟津。多年来，他一直是西蒙出版社几个高层的主管之一，现任纽约州纽约市袖珍图书公司的董事长。

下面就是他的经验。

“15年来，我几乎每天都要花一半的时间开会和讨论问题。会上大家很紧张，坐立不安、走来走去，彼此辩论、绕圈子。一天下来我感到筋疲力尽。如果有人对我说我可以减去开会时间的3/4，可以消除3/4的神经紧张，我一定会认为他是痴人说梦。可是我却制定出一个恰好能做到这一点的方案。这个办法我已经用了8年。对我的办事效率、我的健康和我的快乐，都有意想不到的好处。

“下面就是我的秘诀：第一，我立即停止15年来我们会议中所使用的程序——我那些很恼火的同事先把问题的细节报告一遍，然后再问：‘我们该怎么办？’第二，我订下一个新的规矩——任何一个想要把问题给我的人必须先准备好一份书面报告，回答以下四个问题：

1.究竟出了什么问题？

（以前我们常常花上一二个小时，还没人弄清楚真正的问题在哪里。）

2.问题的起因是什么？

（我吃惊地发现我浪费了很多时间，却没能清楚地找出造成问题的根本原因是什么。）

3.这些问题可能有哪些解决办法？

（过去会上一个人建议采用一种方法，另一个人会跟他辩论。辩论常常跑题，开完会也拿不出几种办法。）

4.你建议用哪种办法？

（过去开会总是花几个小时为一种情况担心，不断地绕圈子，从未想这所有可行的方法，然后写下来：这是我建议的解决方案。）

“现在，我的部下很少把问题拿上来了。因为他们发现，在认真地回答了上述四个问题之后，最妥当的方案就会像面包从烤箱中自动跳出来一样。即使非讨论不可，所花时间也不过是过去的1/3，因为讨论的过程有条理而且合乎逻辑，最后都能得到很明智的结论。”

“法兰克·毕吉尔，这位美国保险业的巨子，运用类似方法，不仅消除了烦恼，而且增加了收入。他说：‘我刚开始推销保险的时候，对自己的工作充满了热情。后来发生了一点事，使我非常气馁。我开始看不起我的职业，几乎都要辞职了——可是我突然想到一件事，在一个星期六的早晨，我坐下来，想找出我忧虑的根源。

(1) 我首先问自己：‘问题到底是什么？’我的问题：我拜访过那么多人，成绩却不理想。我和顾客谈得好好的，可最后快要成交时，他们就对我说：‘我再考虑考虑，下次来再说吧。’我又得花时间去找他，使我觉得很颓丧。

(2) 我问自己：‘有什么可行的解决办法？’回答之前，我当然得先研究一下过去的情况。我拿出过去12个月的记录本，仔细看看上面的数字。我吃惊地发现，我所卖的保险，有70%是在第一次见面成交的；另外有23%是在第二次见面成交的；

只有7%，是在第三、第四、第五次……才成交。实际上，我的工作时间，几乎有一半都浪费在那7%的业务上了。

（3）那么答案是什么呢？很明显：我应该立刻停止第二次以后的拜访，空出的时间用于寻找新的顾客。结果令人大吃一惊：在很短的时间内，我就把平均每次赚2.70元钱的成绩提高到了4.27元。”

“法兰克·毕吉尔现在每年接进的保险业务都在100万美元以上。可是他曾经想放弃他那份工作，几乎就要承认失败。结果呢，分析问题使他走上成功之路。

“下面再列一下这几个问题，看看你是否也能应用它们：

（1）问题是什么？

（2）问题的成因是什么？

（3）可能解决问题的方法有哪些？

（4）你建议用哪一种方法？”

第三章

改掉忧虑的习惯

把忧虑从你的思想中赶走

在图书馆、实验室从事研究工作的人，很少因忧虑而精神崩溃，因为他们没有时间去享受这种“奢侈”。

我班上有个叫马利安·道格拉斯的学生告诉我，他家里曾遭受过两次不幸。第一次，他失去了五岁的女儿，一个他非常爱的孩子。他和妻子都以为他们没有办法忍受这个打击。更不幸的是，“10月后，我们又有了另外一个女儿——而她仅仅活了5天”。

这接二连三的打击使人几乎无法承受。这位父亲告诉我们：“我睡不着，吃不下，无法休息或放松，精神受到致命的打击，信心丧失殆尽。吃安眠药和旅行都没有用。我的身体好像被夹在一把大钳子里，而这把钳子愈来愈紧。”

“不过，感谢上帝，我还有一个4岁的儿子，他教给我们解决问题的方法。一天下午，我呆坐在那里为自己难过时，他问我：‘爸，你能不能给我造一条船？’我实在没兴趣，可这个小家伙很缠人，我只得依着他。

“造那条玩具船大约花费了我3个小时，等做好时我才发现，这3个小时是我许多天来第一次感到放松的时刻。

“这一发现使我如梦初醒，使我几个月来第一次有精神去思考。我明白了，如果你忙着做费脑筋的工作，你就很难再去忧虑了。对我来说，造船就把我的忧虑整个冲垮了，所以我决定使自己不断地忙碌。

“第二天晚上，我巡视了每个房间，把所有该做的事情列成一张单子。有好些小东西需要修理，比方说书架、楼梯、窗帘、门把、门锁、漏水的龙头等等。两个星期内，我列出了242件需要做的事情。

“从此，我使我的生活中充满了启发性的活动：每星期两个晚上我到纽约市参加成人教育班，并参加了一些小镇上的活动。现在任校董事会主席，还协助红十字会和其他机构的募捐，我现在忙得简直没有时间去忧虑。”

没有时间忧虑，这正是丘吉尔在战事紧张到每天要工作18个小时时说的。当别人问他是不是因那么重的责任而忧虑时，他说："我太忙了，我没有时间忧虑。"

查尔斯·柯特林在发明汽车自动点火器时也碰到这种情形。柯特林先生一直是通用公司的副总裁，负责世界知名的通用汽车研究公司，可是当年他却穷得要用谷仓里堆稻草的地方做实验室。家里的开销全靠他妻子教钢琴的1 500美元酬金。我问他妻子在那段时间是否很忧虑。她说："是的，我担心得睡不着。可是柯特林先生一点也不担心，他整天埋头工作，没有时间忧虑。"

伟大的科学家巴斯特曾说："在图书馆和实验室能找到平静。"因为在那里，人们都埋头工作，不会为自己担忧。做研究工作的人很少有精神崩溃的，因为他们没有时间来享受奢侈。

心理学有一条最基本的定理：不论一个人多聪明，都不可能在同一时间内想一件以上的事情。如果你不相信，请靠坐在椅子上闭起双眼，试着同时去想自由女神和你明天早上准备做的事情。

你会发现你只能轮流想其中的一件事，而不

能同时想两件事情。你的情感也是如此。我们不可能既激动、热诚地想去做一些很令人兴奋的事情，又同时因为忧虑而拖延下来。一种感觉会把另一种感觉赶出去。这个简单的发现，使军队的心理治疗专家在战争中能创造这方面的奇迹。

一些从战场上退下来的人常患有“心理上的精神衰弱症”，军医就用“让他们忙着”来治疗。除睡觉外，每一分钟都让他们活动：钓鱼、打猎、打球、拍照、种花以及跳舞等，根本不让他们有时间去回想他们那些可怕的经历。

“职业性的治疗”是近代心理医学所用的名词，也就是把工作当做治病的药。这种方法在公元前500年，古希腊的医生就已经采用了。

富兰克林时代，费城教友会也用这种办法。1774年有人去参观教友会的疗养院，发现那些精神病的病人正忙着纺纱织布后很吃惊，他认为病人在被迫劳动——后来教友会的人向他解释说，他们发现那些病人只有在工作时，病情才能真正有所好转，因为工作能安定神经。

著名诗人亨利·朗费罗的妻子不幸烧伤而去世后，他几乎发疯。幸好他有三个幼小的孩子需要他照料。父兼母职，他带他们散步，给他们讲故事，和他们一起嬉戏，并把他们父子间的感情永存在《孩子们的时间》一诗里。他还翻译了但丁的《神曲》。忙碌使他重新得到了思想的平静。就像班尼生在最好的朋友亚瑟·哈兰死的时候，曾经说过："我一定要让自己沉浸在工作里，否则我就会因绝望而烦恼。"

我们不忙的时候，头脑里常常会成为真空。这时，忧虑、恐惧、憎恨、嫉妒和羡慕等情绪就会填充进来，进而把我们思想中平静的、快乐的成分都赶出去。

对大多数人来说，在做日常工作、忙得团团转的时候，"沉浸在工作中"大概不会有多大问题。可是，下班之后——就在我们能自由自在地享受悠闲和快乐的时候——忧虑的恶魔就会开始向我们进攻。这时候，我们常常开始想，我们的生活中有哪些成就，我们的工作有没有上轨，上司今天说的那句话是否有"特殊的含义"，或者，我们的头发是否开始秃了……

我们不忙的时候，头脑里常常出现真空状态。每一个学物理的学生都知道，"自然界中没有真空状态”。一个白热的灯泡一打破，空气就立刻钻进去，填上理论上说来是真空的那一块空间。

你的头脑空闲下来，也会有东西进去填空。是什么呢？通常都是你的感觉，为什么呢？因为忧虑、惧怕、憎恨、嫉妒和羡慕等等情绪，都是由我们的思想所控制的，它们会把我们思想中所有的平静的、快乐的情绪都赶出去。

詹姆斯·马歇尔是哥伦比亚师范学院教育学的教授，他在这方面说得很好：“忧虑最能伤害你的时候，不是在你有所行动的时候，而是在一天的工作结束以后。这时你的想象力开始混乱，使你把每一个小错误都加以夸大。你的思想就像一辆没有装货的车子横冲直撞，撞毁一切，直至把自己也撞成碎片。消除忧虑的最好办法，就是让自己忙着干任何有意义的事情”。

不是大学教授的人也会明白这个道理，也能付诸实践。第二次世界大战时，我曾在火车上遇到了一对家住芝加哥的夫妇。他们告诉我，他们的儿子在珍珠港事变的第二天参加了陆军。那位夫人因为每天担心儿子的生命安全几乎到了损害自己身体健康的地步。

我问她，后来是怎么克服忧虑的呢？她回答说："我让自己忙着。"最初她把女佣辞退，想让自己忙家务，可没什么效果。"原因是，我做家务时基本上是机械化的，完全不用脑子。所以当我铺床、洗碟子的时候还是一直担忧着。我发觉自己需要一个新的工作，使我在每天的每一个小时都让整个身心忙碌不停。于是我到一个大百货公司去做售货员。"

"这下好了，"她说。"顾客挤在我四周，问我价钱、尺寸、颜色等问题，没有一秒钟能让我去想工作以外的事情。晚上，我只想如何才能让双脚休息一下。每天吃完晚饭后，我倒头便睡，既没有时间，也没有体力再去忧虑。"

约翰·考伯尔·伯斯在《忘记不快的艺术》一书中说：

"舒适的安全感、内在的宁静和因快乐而反应迟钝的感觉，都能使人类在专心工作时，精神镇静。"

世界最著名的女冒险家奥莎·强生15岁结婚。25年来，她与丈夫一起周游世界各地，拍摄亚洲和非洲逐渐绝迹的野生动物的影片。9年前他们回到美国，到处做旅行演讲，放映他们那些有名的电影。他们在飞往西岸时，飞机撞了山，她丈夫当场身亡，医生们说她永远不能再下床了。可是，3个月之后，她却坐着轮椅发表演讲。当我问她为什么这样做的时候，她说："我之所以这样做，是让我没有时间再去悲伤和担忧。"

海军上将拜德在覆盖着冰雪的南极小茅屋里单独住了5个月，方圆百里之内，没有任何一种生物存在。气候寒冷，连他的呼气都被冻住了。在《孤寂》一书中，他叙述了在既难熬又可怕的黑暗里所过的那5个月的生活。他必须忙个不停才不至于发疯。

他说："晚上熄灯之前，我就安排好第二天的工作。比如：一个小时去检查逃生的隧道，半个小时去挖坑，两个小时去修拖人用的雪橇……

"能把时间分开安排，是非常有益的。它使我产生一种可以主宰自我的感觉。否则，日子就会过得没有目的。而没有目的，这些日子就会像平常一样，最后变得分崩离析。"

已故的原哈佛大学医学院教授理查·柯波特在他的《生活的条件》中指出："作为大夫，我很高兴看到工作可以治愈病人。他所染上的，是由于过分恐惧、迟疑、踌躇所带来的病症。而工作能带给人们勇气。

要是我们不能一直忙着，而是坐着发愁，我们就会产生一大堆达尔文称之为“胡思乱想”的东西，而这些“胡思乱想”就像传说中的妖精，会掏空我们的思想，摧毁我们的意志。

我认识纽约的一个企业家，他用忙碌来赶走那些“胡思乱想”，使自己没有时间去烦恼和忧虑。他叫屈伯尔·郎曼，也是我成人教育班的学生。他征服忧虑的经历非常有意思，也非常特殊。所以，下课之后，我请他和我一起去吃夜宵。我们在一家餐厅中坐到深夜，谈着他的那些经历。下面就是他告诉我的一个故事：

“18年前，我因忧虑过度而患失眠症。当时我精神非常紧张。脾气暴躁，而且很不稳定，我觉得我快要精神分裂了。

我如此忧虑是有原因的。我当时是纽约皇冠水果制品公司的财务经理。我们投资了50万美元，把草莓包装在一加仑装的罐子里。20年来，我们一直把这种一加仑装的草莓卖给制造冰淇淋的厂商。后来有段时间我们的销售量大跌。那些大的冰淇淋制造商，像国家奶制品公司之类的，产量急剧增加。为了节省开支和时间，降低成本，他们都买36加仑一桶的桶装草莓。

我们不仅无法销售50万美元的草莓，而且根据合同规定，在今后的一年之内，我们还必须继续购买价值100万美元的草莓。我们已经向银行借了35万美元，现在，既无法还清借债，也无法筹集到需要的款项，所以，我非常忧虑。

“我赶到我们在加利福尼亚州华生维里的工厂里，想要让我们的总经理知道情况有所改变，我们可能面临毁灭的命运。但他不肯相信，却把这些问题的全部责任都归罪于纽约的公司——那些可怜的业务人员身上。

“经过几天的请求之后，我终于说服他不再按旧的方式包装草莓，而把新的制品放到旧金山的新鲜草莓市场上卖。这样做才能大致解决我们大部分问题。按说我不该再忧虑了，可是，我仍然无法做到这一点。忧虑是一种习惯，而我已染上了这种习惯。

“回到纽约之后，我又开始为每一件事担忧。

对在意大利购买的樱桃、在夏威夷购买的凤梨等等，我都非常紧张不安，睡不着觉。就像我刚刚说过的那样，我简直就快要精神崩溃了。

“在绝望中，我换了一种崭新的生活方式，从而治好了我的失眠症，也使我不再忧虑。我尽量使自己忙碌，忙到我必须付出所有的精力和时间，以致没有时间去忧虑。过去，我每天工作7个小时，现在我开始每天工作15~16个小时。我每天清晨8点就到办公室。一直待到半夜。我承担新的任务，负起新的责任。等我半夜回到家的时候，总是筋疲力尽地倒在床上，很快便进入梦乡。

这样过了差不多有三个月，我终于改掉忧虑的习惯，又重新回到每天工作7~8个小时的正常情形。这件事情发生在18年前，从那以后，我就没有再失眠和忧虑过。”

萧伯纳说得很好，他说：“让人愁苦的秘诀就是，有空闲时间来想想自己到底快活不快活。”所以不必去想它。让自己忙碌起来，你的血液就会开始循环，你的思想就会开始变得敏锐——让自己一直忙着，这是世界上最便宜的一种药，也是最好的一种。

要改掉你忧虑的习惯，第一条规则就是：

“让自己不停地忙着。忧虑的人一定要让自己沉浸在工作里，否则只有在绝望中挣扎。”

不要让小事使你垂头丧气

人活在世上只有短短几十年，却浪费了很多时间，去发愁一些一年之内就会忘了的小事。

给你讲一个最富戏剧性的故事，主人公叫罗勃·摩尔。

“1945年3月，我在中南半岛附近276英尺深的海下，学到了一生中最重要的一课。当时，我正在一艘潜水艇上。我们从雷达上发现一支日军舰队——一艘驱逐护航舰，一艘油轮和一艘布雷舰——朝我们这边开来。我们发射了三枚鱼雷，都没有击中。突然，那艘布雷舰直朝我们开来。(一架日本飞机把我们的位置用无线电通知了它。)我们潜到150英尺深的地方，以免被它侦察到，同时作好应付深水炸弹的准备，还关闭了整个冷却系统和所有的发电机器。

“3分钟后，天崩地裂。六枚深水炸弹在四周炸开。把我们直压海底——276英尺的地方。深水炸弹不停地投下，整整15个小时，有10~20个就在离我们50英尺左右的地方爆炸——若深水炸弹距离潜水艇不到17英尺的话，潜艇就会炸出一个洞来。当时，我们奉命静躺在自己的床上。保持镇定。我吓得无法呼吸，不停地对自己说：‘这下死定了……’。潜水艇的温度几乎有100多度，可我却怕得全身发冷，一阵阵冒冷汗。15个小时后攻击停止了，显然那艘布雷船用光了所有的炸弹后开走了。这15个小时，在我感觉好像有1 500万年。我过去的生活一一在眼前出现，我记起了做过的所有的坏事和曾经担心过的一些很无聊的小事。我曾担忧过，没有钱买自己的房子，没有钱买车，没有钱给妻子买好衣服。下班回家，常常和妻子为一点芝麻事吵架。我还为我额头上一个小疤——一次车祸留下的伤痕——发过愁。

“多年之前，那些令人发愁的事，在深水炸弹威胁生命时，显得那么荒谬、渺小。我对自己发誓，如果我还有机会再看到太阳和星星的话，我永远不会再忧愁了。在这15个小时里，我从生活中学到的，比我在大学念四年书学到的还要多得多。”

我们一般都能很勇敢地面对生活中那些大的危机，却常常被一些小事搞得垂头丧气。拜德先生也发觉了这一点。他手下的人能够毫无怨言地从事危险而又艰苦的工作。“可是，我却知道，有好几个同房的人彼此不说话，因为怀疑别人把东西放乱，占了自己的地方。有一个讲究空腹进食细嚼健康法的家伙，每口食物都要嚼28次。而另一人一定要找一个看不见这家伙的位置坐着，才吃得下去饭。”

权威人士认为，“小事”如果发生在夫妻生活里，还会造成“世界上半数的伤心人”。芝加哥的约瑟夫·沙巴士法官，在仲裁过4万多件不愉快的婚姻案件之后说道：“婚姻生活之所以不美满。最基本的原因往往都是一些小事。”

罗斯福夫人刚结婚时，“每天都在担心，因为她的新厨师做得很差”。可是如果事情发生在现在，“我就会耸耸肩膀把这事给忘了。”好极了，这才是一个成年人的做法。就连最专制的凯瑟琳女皇，对厨师做坏了饭也只是付之一笑。

一次，我们到芝加哥一个朋友家吃饭，分菜时他有些小事没有做好，大家都没在意，可是他妻子却马上当着大家的面就跳起来指责他："约翰，你怎么搞的！难道你就永远也学不会分菜吗？"她又对大家说："老是一错再错，一点也不用心。"也许他确实没有做好，可我真佩服他能和他的妻子相处20年之久。说心里话，我宁愿只吃一二个抹上芥末的热狗——只要能吃得舒服——也不愿意一边听她啰唆，一边吃北京烤鸭。

不久，我和妻子邀请了几个朋友来吃晚餐。客人快到时，妻子发现有三条餐巾和桌布颜色不配。她后来告诉我，"我发现另外三条餐巾送去洗了。客人已到门口，我急得差点哭了出来。为什么会有这么愚蠢的错误毁了我整个一晚上？我突然想到，为什么要毁了我呢？我走进去吃晚饭，决心享用一番。我情愿让朋友们认为我是一个比较懒散的家庭主妇，也不愿意他们认为我是一个神经质的脾气不好的女人。而且，据我所知，根本没有一个人注意到那些餐巾。"

大家都知道："法律不会去管那些小事。"人也不应该为这些小事忧愁。

实际上，要想克服一些小事引起的烦恼，只要把看法和重点转移一下就可以了——让你有一个新的、开心点的看法。

我的朋友作家荷马·克罗伊告诉我，过去他在写作的时候，常常被纽约公寓热水汀的响声吵得快要发疯了。“后来，有一次我和几个朋友出去露营，当我听到木柴烧得很旺时的响声，我突然想到：这些声音和热水汀的响声一样，为什么我会喜欢这个声音而讨厌那个声音呢？回来后我告诫自己：火堆里木头的爆裂声很好听，热水汀的声音也差不多。我完全可以蒙头大睡，不去理会这些噪音。结果，头几天我还注意它的声音，可不久我就完全忘记了它。”

很多小忧虑也是如此。我们不喜欢一些小事，结果弄得整个人很沮丧。其实，我们都夸大了那些小事的重要性……

狄士雷里说：“生命太短促了，不要再只顾小事了。”

“这些话，”安德烈·摩瑞斯在《本周》杂志中说：“曾经帮助我经历了很多痛苦的事情。我们常常因一点小事，一些本该不屑一顾的小事，弄得心烦意乱……我们生活在这个世界上只有短短的几十年，而我们浪费了很多不可能再补回来的时间，去为那些一年之内就会忘掉的小事发愁。我们应该把我们的生活只用于值得做的行动和感觉上。去想伟大的思想，去体会真正的感情，去做必须做的事情。因为生命太短促了，不该再顾及那些小事。”

名人吉布林和他舅舅打了维尔蒙有史以来最有名的一场官司。吉布林娶了一个维尔蒙的女子，在布拉陀布造了一所漂亮房子，准备在那里安度余生。他的舅舅比提·巴里斯特成了他最好的朋友。他们俩一起工作，一起游戏。

后来，吉布林从巴里斯特手里买了一点地，事先商量好巴里斯特可以每季度在那块地上割草。一天，巴里斯特发现吉布林在那片草地上开了一个花园，他生起气来，暴跳如雷，吉布林也反唇相讥，弄得维尔蒙绿山上的天都黑了。

几天后，吉布林骑自行车出去玩时，被巴里斯特的马撞在地上。这位曾经写过“众人皆醉，你应独醒”的人也昏了头，告了官，巴里斯特被抓了起来。接下去是一场很热闹的官司，结果使吉布林携妻永远离开了美国的家，而这一切，只不过为了一件很小的事——一车干草。

哈瑞·爱默生·富斯狄克讲过这样一个故事："在科罗拉多州长山的山坡上，躺着一棵大树的残躯。自然学家告诉我们，它曾经有过400多年的历史。在它漫长的生命里，曾被闪电击中过14次，无数次狂风暴雨侵袭过它，它都能战胜它们。但在最后，小队甲虫的攻击使它永远倒在地上。那些甲虫从根部向里咬，渐渐伤了树的元气。虽然它们很小，却是持续不断地攻击。这样一棵森林中的巨树，岁月不曾使它枯萎，闪电不曾将它击倒，狂风暴雨不曾将它动摇，却因一小队用大拇指和食指就能捏死的小甲虫，终于倒了下来。"

我们不都像森林中那棵身经百战的大树吗？我们也经历过生命中无数狂风暴雨和闪电的袭击，也都撑过来了，可是却让忧虑的小甲虫咬噬——那些用大拇指和食指就可以捏死的小甲虫。

几年前。我和怀洛明州公路局局长查尔斯·西费德先生，以及其他朋友一起去参观洛克菲勒在提顿国家公园中的一栋房子。我的车转错了一个弯，晚到了一个小时，西费德先生没有钥匙，所以他在那个又热又有好多蚊子的森林中等了整整一个小时。我们到的时候，在多得可以让圣人发疯的蚊子中，西费德先生正在吹一支折下的白杨树枝做成的小笛子，并把它当做一个纪念品，纪念一个不在乎小事的人。

要在忧虑毁了你之前，先改掉忧虑的习惯，第二条规则就是：

不要让自己因为一些应该丢开和忘掉的小事烦恼，要记住：生命太短促了。

概率可以战胜忧虑

当我们怕被闪电击死，怕坐的火车翻车时，想一想发生的概率，会少得把我们笑死。

我小的时候，心中充满了忧虑。我担心会被活埋，我怕被闪电击死，还怕死后会进地狱。我怕一个叫詹姆怀特的大男孩会割下我的耳朵——像他威胁过我的那样，我怕女孩子在我脱帽向她们鞠躬时会取笑我，我怕将来没有一个女孩子肯嫁给我……我常常花几个小时在想这些惊天动地的大问题。

日子一年年过去了，我发现我所担心的事情中，有99%根本就不会发生。现在我知道，无论哪一年，我被闪电击中的机会，都只有1/350 000。而活埋，即使是在发明木乃伊以前的日子里——1 000万个人里可能只有一个人被活埋。

每8人里就有一个人可能死于癌症。如果我一定要发愁的话，也应该为得癌症发愁——而不该去发愁被闪电击死或遭到活埋。

事实上，我们很多成年人的忧虑也同样荒谬。如果我们根据概率评估一下我们的忧虑究竟值得不值得，我们9/10的忧虑就会自然消除了。

全世界最有名的保险公司——伦敦罗艾德保险公司——就靠大家对一些根本很难发生的事情的担忧，而赚进了数不清的金钱。它是在和一般人打赌，不过被称为保险而已。实际上，这是以概率为根据的一种赌博。这家大保险公司已经有200年的历史了，除非人的本性会有所改变，它至少还可以继续维持5 000年。而它只是将你保鞋子的险，保船的险，利用概率来向你保证那些灾祸发生的情况，并不像一般人想象的那么常见。

如果我们查查概率，就常常会因我们所发现的事实而惊讶。比如，如果我知道在5年以内，我就得打一场盖茨堡战役那样激烈的仗，我一定会被吓坏了。我一定会想尽办法去增加我的人寿保险费用；我会写下遗嘱，把我所有的财产变卖一空。我会说：“我可能无法活着熬过这场战争。所以我最好痛痛快快地活着。”但事实上，50~55岁之间，每1 000人中死去的人数和盖茨堡战役参战的163 000名士兵，每1 000人中阵亡的人数相等。

一年夏天，我在加拿大落基山区弓湖的岸边遇到了何伯特·沙林吉夫妇。沙林吉夫人是一个很平静、很沉着的妇女，给我的印象是：她从来没有忧虑过。一天晚上，我问她是不是曾因忧虑而烦恼过。“烦恼？”她说：“我的生活都差点被忧虑毁掉。在我学会征服忧虑之前，我在自作自受的苦海中，生活了整整11年。那时我脾气不好，很急躁，生活在非常紧张的情绪之下。买东西时我都会发愁——也许房子烧了，也许佣人跑了，也许孩子们被汽车撞死了……我常因发愁弄得冷汗直冒，冲出商店，跑回家去，看看一切是否都好，难怪我的第一次婚姻没有好结果。

“我第二个丈夫是一个律师，也很文静，有分析能力，从不为任何事情忧虑。每当我紧张或焦虑的时候，他就对我说：‘不要慌，让我好好地想一想……你真正担心的到底是什么呢？我们分析一下概率，看这种事情是不是有发生的可能。’

“记得有一次，我们在新墨西哥州的一条公路遇到了一场暴风雨。

“道路很滑。车子很难控制。我想我们准会滑到路边的沟里去，可我丈夫一直对我说：‘我现在开得很慢，不会出事的。即使车子滑到沟里，我们也不会受伤。’他的耐心和镇定的态度使我慢慢平静下来。

“还有一年夏天，我们到落基山区露营。一天晚上，我们把帐篷扎在海拔7 000英尺的地带，突然遇到了暴风雨。帐篷在大风中抖着、摇晃着，发出尖厉的叫声。我每分钟都想：帐篷要被吹垮了，要飞到天上去了。当时我真被吓坏了，可我丈夫不停地说：‘亲爱的，我们有几个印第安向导，他们对这儿了如指掌，他们说在山里扎营已有六七十年了，从没发生过帐篷被吹跑的事。根据概率，今晚也不会吹跑帐篷。即使真吹跑了，我们也可以躲到别的帐篷里去，所以你不用紧张。’我放松了精神，结果那一夜睡得很安稳。而且什么事也没发生……

“‘根据概率，这种事情不会发生，’这句话消除了我90%的忧虑，使我过去这20多年的生活过得十分美好而又平静。”

乔治·库克将军曾说过，“几乎所有的忧虑和哀伤，都是来自人们的想象而并非来自现实。”

当我回顾自己过去的几十年时，我发现我的大部分忧虑也是这样产生的。詹姆·格兰特告诉我，他的经验也是如此。每次当他从佛罗里达购买水果(如橘子)时，脑子里常有些怪念头，像“万一火车失事怎么办？”“万一水果滚得满地都是怎么办？”“万一我的车过桥时那桥忽然塌了怎么办？”虽然这些水果都保过险，但他仍然担心火车万一晚点，他的水果卖不出去，他甚至怀疑自己因为忧虑过度得了胃溃疡，因此去找医生检查。大夫告诉他，没有别的毛病，就是过于紧张了。“这时我才明白了真相”。他说，“我开始扪心自问：‘詹姆，这么多年来你处理过多少车水果？’答案是，‘大概25 000多部车吧。’我又问：‘这么多年里有多少出过车祸？’答案是：‘嗷——大概有五部。’我接着问：‘你知道这是什么意思吗？概率是1/5 000！那你还有什么好担心的呢？’

“然后我对自己说：‘桥说不定会塌的。’又问自己：‘过去你究竟有多少车是因桥塌而损失的？’答案是：‘一部也没有。’我对自己说：‘你为了一座从来也没有塌过的桥，为了1/5 000的火车失

事，居然会愁得患上胃溃疡，不是太傻了吗？'

“从此，我发觉自己过去很傻。于是我再也没有为‘胃溃疡’烦恼过了。”

埃尔·史密斯在当纽约州州长时，常对政客说：“让我们看看纪录。”我们也可以学他的样子，查一查以前的纪录，看看我们这样忧虑到底有没有道理。这也正是当年佛莱德雷·马克斯塔特害怕他自己躺在坟墓里时所做的事情。

“1944年6月初，我躺在奥玛哈海滩附近的一个散兵坑里。我看着这个长方形的坑，对自己说：‘这看起来就像一座坟墓。也许这就是我的坟墓呢。’晚上11点，德军的轰炸机开始活动，炸弹纷纷落下，我吓得人都僵住了。前三天晚上我根本没合眼，到第四天还是第五天夜里，我几乎精神崩溃。我知道要是我不赶紧想办法的话。我就会发疯。于是我提醒自己，已经过了五个晚上了，而我还活得好好的。而且这一组人都活得好好的，只有两个受了轻伤。而他们之所以受伤，并不是被德军的炸弹炸到，而是被我们自己的高射炮碎片击中。于是我在我的散兵坑上造了一个厚厚的木头屋顶，使我不至于被碎弹片击中。我告诫自己：‘除非炸弹直接命中，否则我死在这个又深又窄的坑里几乎是不可能的。’接着我算出直接命中率不到万分之一。这样想了两三夜之后，我平静下来。后来就连敌机袭击的时候，我也能睡得很安稳。

“美国海军也常用概率所统计的数字来鼓励士气。曾当过海军的克莱德·马斯讲过这样一个故事：当他和他船上的伙伴被派到一艘油船上的时候，他们都吓坏了。这艘油轮运的都是高单位汽油，他们认为，如果油轮被鱼雷击中，他们必死无疑。可是，海军单位立即发出了一些很正确的统计数字，指出被鱼雷击中的100艘油轮里，有60艘油轮没有沉到海中。而沉下海的40艘里，也只有5艘是在不到5分钟的时间沉没的。知道了这些数字之后，船上的人都感觉好多了，我们知道我们有的是机会跳下船。根据概率看，我们不会死在这里。”

要在忧虑毁了你之前，先改掉忧虑的习惯，第三条规则就是：

让我们看看以前的纪录，让我们根据概率问问自己，我现在担心会发生的事，可能发生的机会究竟有多大？

要适应无法避免的事实

对必然的事轻快地接受，就像杨柳承受风雨、水接受一切容器那样，我们也要承受一切事实。

我小时候，有一天和几个朋友在一间荒废的老木屋的阁楼上玩。在从阁楼往下跳的时候，我左手食指上的戒指勾住了一颗钉子，把我整根手指拉掉了。当时我疼死了，也吓坏了。等手好了以后，我没有烦恼，接受了这个本可避免的事实。

现在，我几乎根本就不会去想，我的左手只有四个手指头。

我常常想起刻在荷兰首都阿姆斯特丹一间15世纪教堂废墟上的一行字："事情是这样，就不会是别的样子。"

在漫长的岁月中，你我一定会碰到一些令人不快的情况，它们既是这样，就不可能是别样，我们也可以有所选择。我们可以把它们当做一种不可避免的情况加以接受，并适应它；或者，我们让忧虑毁掉我们的生活。

下面是我喜欢的哲学家威廉·詹姆斯所给的忠告："要乐于承认事情就是如此，能够接受发生的事实，就是能克服随之而来的任何不幸的第一步。"俄勒冈州的伊丽莎白·康黎经过许多困难，终于学到了这一点。

"在庆祝美军在北非获胜的那天，我被告知我的侄子在战场上失踪了。后来，我又被告知，他已经死了，我悲伤得无以复加。在此之前，我一直觉得生活很美好。我热爱自己的工作，又费劲带大了这个侄子。在我看来，他代表了年轻人美好的一切。我觉得我以前的努力，现在正在丰收……现在，我整个世界都粉碎了，觉得再也没有什么值得我活下去了。我无法接受这个事实，悲伤过度，决定放弃工作，离开家乡，把我自己藏在眼泪和悔恨之中。

"就在我清理桌子，准备辞职的时候，突然看到一封我已经忘了的信——几年前我母亲去世后这个侄子寄来的信。那信上说：'当然，我们都会怀念她，尤其是你。不过我知道你会支撑下去的。我永远也不会忘记那些你教我的美丽的真理，

永远都会记得你教我要微笑。要像一个男子汉，承受一切发生的事情。’

“我把那封信读了一遍又一遍，觉得他似乎就在我身边，仿佛对我说：‘你为什么不照你教给我的办法去做呢？支撑下去，不论发生什么事情，把你个人的悲伤藏在微笑下，继续过下去。’

“于是，我一再对自己说：‘事情到了这个地步，我没有能力去改变它，不过我能够像他所希望的那样继续活下去。’我把所有的思想和精力都用于工作，我写信给前方的士兵——给别人的儿子们；晚上，我参加了成人教育班——找出新的兴趣，结交新的朋友。我不再为已经永远过去的那些事悲伤。现在的生活比过去更充实、更完整。”

已故的乔治五世，在他白金汉宫的房子里挂着下面这几句话：“教我不要为月亮哭泣，也不要因事后悔。”叔本华也说：“能够顺从，就是你在踏上人生旅途中最重要的一件事。”

显然，环境本身并不能使我们快乐或不快乐，而我们对周围环境的反应才能决定我们的感觉。

必要时，我们都能忍受灾难和悲剧，甚至战

胜它们。我们内在的力量坚强得惊人，只要我们肯加以利用，它就能帮助我们克服一切。

已故的布斯·塔金顿总是说："人生的任何事情，我都能忍受，只除了一样，就是瞎眼，那是我永远也无法忍受的。"

然而，在他六十多岁的时候，他的视力减退，一只眼几乎全瞎了，另一只眼也快瞎了，他最害怕的事终于发生了。

塔金顿对此有什么反应呢？他自己也没想到他还能觉得非常开心，甚至还能运用他的幽默感。当那些最大的黑斑从他眼前晃过时，他却说："嘿，又是老黑斑爷爷来了，不知道今天这么好的天气，它要到哪里去？"

塔金顿完全失明后，他说："我发现我能承受我视力的丧失，就像一个人能承受别的事情一样。要是我五个感官全丧失了，我也知道我还能继续生活在我的思想里。"

为了恢复视力，塔金顿在一年之内做了12次手术，为他动手术的就是当地的眼科医生。他知道他无法逃避，所以唯一能减轻他受苦的办法，就是爽爽快快地去接受它。他拒绝住在单人病房，而住进大病房，和其他病人在一起。他努力让大家开心。动手术时他尽力让自己去想他是多么幸运。“多好呀，现代科技的发展，已经能够为像人眼这么纤细的东西做手术了。”

一般人如果要忍受12次以上的手术和不见天日的生活，恐怕都会变成神经病了。可是这件事教会塔金顿如何忍受，这件事使他了解，生命所能带给他的，没有一样是他能力所不及而不能忍受的。

我们不可能改变那些不可避免的事实，可是我们可以改变自己。我自己就试过。

一次，我拒绝接受我所碰到的一个不可避免的情况，结果，我好几夜失眠，痛苦不堪。我让自己想起所有不愿意想的事。经过一年这样的自我虐待，我终于接受了我早就知道的不可能改变的事实。

我应该在好几年前，就吟出惠特曼的诗句：

哦，要像树和动物一样，去面对黑暗、暴风雨、饥饿、愚弄、意外和挫折。

我并不是说，碰到任何挫折时，都应该低声下气，那样就成为宿命论者了。不论在哪种情况下，只要还有一点挽救的机会，我们就要奋斗。可是当常识告诉我们，事情是不可避免的——也不可能再有任何转机——那么，为了保持理智，我们就不要“左顾右盼，无事自忧”。

已故的哥伦比亚大学郝基斯院长告诉我，他曾经作过一首打油诗当做座右铭：

天下疾病多，数也数不清，
有的可以救，有的治不好。
如果还有救，就该把药找，
要是没法治，干脆就忘掉。

写这本书的时候。我曾采访过一些美国著名的商人。给我印象最深的是，他们大都有能力接受无力避免的局面，这样就能过无忧无虑的生活。假如他们没有这种能力，他们就全被过大的压力压垮。下面是几个很好的例子。

创办了遍布全美国的连锁商店的潘尼告诉我：“哪怕我所有的钱都赔光了，我也不会忧虑，因为我看不出忧虑可以让我得到什么。我尽可能把工作做好，至于结果就要看老天爷了。”

亨利·福特也告诉我一句类似的话：“碰到没法处理的事情，我就让他们自己解决。”

克莱斯勒公司总经理凯乐先生说：“如果我碰到很棘手的情况，只要想得出办法解决的，我就去做。要是干不成的，就干脆忘了。我从不为未来担心，因为没人知道未来会发生什么事情，而影响未来的因素太多。何必为它们担心呢？”如果你说凯乐是个哲学家，他一定会非常困窘，因为他只是个出色的商人。但他这种想法，和古罗马的大哲学家伊匹托塔斯的理论差不多，他告诫罗马人：“快乐之道不是别的，就是不去为力所不及的事情忧虑。”

莎拉·班哈特，可算是深通此道的女子了。50年来，她一直是四大州剧院独一无二的皇后，深受世界观众喜爱。她在71岁那年破产了，而且她的医生波基教授告诉她必须把腿锯断。他以为这个可怕的消息一定会使莎拉暴跳如雷。可是，莎拉看了他一眼，平静地说：“如果非这样不可的话，那只好这样了。”

她被推进手术室时，她的儿子站在一边哭。她却挥挥手，高高兴兴地说：“不要走开，我马上就会回来。”

去手术室的路上，她背她演过的台词给医生、护士听，让他们高兴，“他们受的压力可大得很呢”。

手术完成，健康恢复后，莎拉·班哈特还继续周游世界，使她的观众又为她风靡了7年。

没有人能有足够的情感和精力，既抗拒不可避免的事实，又创造一个新的生活。你只能选择一种，或者生活在那些不可避免的暴风雨之下弯下身子，或者，抗拒它而被折断。

日本的柔道大师教育他们的学生：“要像杨柳一样柔顺，不要像橡树一样挺直。”

知道汽车的轮胎为什么能在路上支持那么久、能忍受那么多的颠簸吗？起初，创造轮胎的人想要创造一种轮胎，能够抗拒路上的颠簸。结果，轮胎不久就被切成了碎条。后来，他们制造了一种轮胎，可以吸收路上所碰到的各种压力，可以“接受一切”。如果我们在多难的人生旅途上，也能承受各种压力和所有颠簸的话，我们就能活得更长久，能享受更顺利的旅程。

如果我们不吸收这些，而去反抗生命中所遇到的挫折的话，我们就会产生一连串内在的矛盾，我们就会忧虑、紧张、急躁而神经质。

如果再退一步，我们抛弃现实社会的不快，退缩到一个我们自己的梦幻世界里，那么我们就会精神错乱了。

有个叫威廉·卡赛柳斯的人讲过下面这个故事：

“我加入海岸防卫队不久，就被派到大西洋这边管炸药。我——一个卖小饼干的店员，居然成了管炸药的人！光是想到站在几千几万吨TNT上。就把我连骨髓都吓得冻住了。我只接受了两天的训练，而我所学到的东西使我内心更加恐惧。

“我第一次承担任务时，天又黑又冷，还起着雾。我奉命到新泽西州的卡文角辑码头负责船上的第五号舱。五个身强力壮而又对炸药一无所知的码头工人，正将重2 000~4 000磅的炸弹往船上装。每一个炸弹都包含一吨的TNT，足够把那条旧船炸得粉碎。我怕得不行，浑身发抖，嘴发干，膝盖发软，心跳加速。可我又不能跑开，那就是逃亡，不但我会丢脸，我的父母也会脸上无光，而且我可能因为逃亡而被枪毙，我只能留下来。在担惊受怕、紧张了一个多小时之后，我终于能运用常识考虑问题了。我对自己说：就算被炸着了，又怎么样？你反正也没有什么感觉了。这种死法倒也痛快，总比死于癌症要好得多。这工作不能不做，否则要被枪毙，所以还不如做得开朗些。

“我这样跟自己讲了几个小时后，开始觉得轻松了些。最后，我克服了自己的忧虑和恐惧，让自己接受了那不可避免的情况。”

除了耶稣基督被钉在十字架以外，历史上最有名的死亡是苏格拉底之死了。即使100万年以后，人类恐怕还会欣赏柏拉图对这件事所作的不朽的描写——也是所有的文学作品中最动人的一章。雅典的一些人，对打着赤脚的苏格拉底又嫉妒又羡慕，给他找出一些罪名，把他审问之后处以死刑。当那个善良的狱卒把毒酒交给苏格拉底时，对他说道：“对必然的事，姑且轻快地去接受。”苏格拉底确实做到了这一点。他以非常平静而顺从的态度面对死亡，那种态度几乎已经可以算是圣人了。

“对必然的事，姑且轻快地接受。”这是在公元前399年说的。但在这个充满忧虑的世界，今天比以往更需要这句话。

在过去的8年中，我专门阅读了我所能找到的关于怎样消除忧虑的每本书和每篇文章。在读过这么多报纸文章、杂志之后，你知道我所找到的最好的一点忠告是什么吗？就是下面这几句——纽约联合工业神学院实用神学教授雷恩贺·纽伯尔提供的无价祷词——一共只有41个字：

请赐我沉静，

去承受我不能改变的事；

请赐我勇气，

去改变我能改变的。

请赐我智慧，

去判断两者的区别。

要在忧虑毁了你之前，先改掉忧虑的习惯，第四条规则是：

“适应不可避免的情况。”

为忧虑画出“到此为止”的底线

如果我们以生活为代价，付给忧虑过多的话，我们就是傻子。

查尔斯·罗勃兹是一个投资顾问，他告诉我说：“我刚从得克萨斯州到纽约来的时候，身上只有20 000美元，是朋友托我到股票市场投资用的。原以为我对股票市场懂很多，可是我赔得一分也不剩。若是我自己的钱，我倒可以不在乎，可是我觉得把朋友的钱都赔光了是件很糟糕的事。我很怕再见到他们。可没想到，他们对这件事不仅看得很开，而且还乐观到不可想象的地步。

“我开始仔细研究我犯过的错误。下定决心要在再进股票市场前先学会必要的知识。于是，我和一位最成功的预测专家波顿·卡瑟斯交上了朋友。他多年来一直非常成功，而我知道，能有这样一番事业的人，不可能只靠机遇和运气。

“他告诉我一个股票交易中最重要的原则：我

在市场上所买的股票，都有一个到此为止的限度，不能再赔的最低标准。例如，我买的是50元一股的股票。我马上规定不能再赔的最低标准是45元。这也就是说，万一股票跌价，跌到比买价低5元的时候，就立刻卖出去，这样就可以把损失只限定在5元之内。

“如果你当初购买得很精明的话，你的赚头可能平均在10元、25元，甚至于50元。因此，在把你的损失限定在5元以后，即使你半数以上判断错误，也还能让你赚很多的钱。

“我马上学会了这个办法，它替我的顾客和我挽回了不知几千几万元钱。

“后来我发现，‘到此为止’的原则在其他方面也适用。我在每一件让人忧虑和烦恼的事上，加一个‘到此为止’的限制，结果简直是太好了。

“我常和一个很不守时的朋友共进午餐。他总是在午餐时间已过去大半以后才来。我告诉他，以后等你‘到此为止’的限制是10分钟，要是你在10分钟以后才到的话，咱们的午餐约会就算告吹——你来也找不到我。”

我真希望在很多年以前就学会了把这种限制

用在我的缺乏耐心、我的脾气、我的自我适应的欲望、我的悔恨和所有精神与情感的压力上。我常常告诫自己："这件事只值得担这么一点点心，不能再多了。"

我在30岁出头的时候，决定以小说写作为终生职业，想做哈代第二。我充满信心，在欧洲住了两年，写出本杰作——我把那本书题名为《大风雪》。这个题目取得真好，因为所有出版家对它的态度，都冷得像呼啸着刮过德可塔州大平原上的大风雪一样。当我的经纪人告诉我这部作品不值一文，说我没有写小说的天赋和才能的时候，我的心跳几乎停止了。我发觉自己站在生命的十字路口上，必须做一个非常重大的决定。几个星期之后，我才从这茫然中醒来。当时我还不知道"为你的忧虑订下到此为止的限制"，但实际上我所做的正是这件事。我把费尽心血写那本小说的两年时间，看做一次宝贵的经验，然后，"到此为止"。我重新操起组织和教授成人教育班的老本行，还有就是写一些传记和非小说类的书籍。

100年前的一个夜晚，梭罗用鹅毛笔蘸着他自己做的墨水，在日记中写道："一件事物的代价，也就是我称之为生活的总值，需要当场交换，或在最后付出。”

用另外一种方式说：如果我们以生活的一部分来付代价，而付得太多了的话，我们就是傻子。这也正是吉尔伯和苏里文的悲剧。他们知道如何创作出欢快的歌词和歌谱，可完全不知道如何在生活中寻找快乐；他们写过很多使人非常喜欢的轻歌剧，可都无法控制自己的脾气。苏里文为他们的剧院买了一张新的地毯，吉尔伯看到账单时大发雷霆。这件事甚至闹到法院，从此两人“老死不相往来”。苏里文替新歌剧谱完曲后，就把它寄给吉尔伯，而吉尔伯填上词后，再把它们寄回给苏里文。一次，他们必须一起到台上去谢幕，两人就站在台的两边分别向不同的方向鞠躬。这样才可以不必看见对方。他们就不懂得在他们彼此的不快中，订下一个“到此为止”的最低限度，而林肯却做到了这一点。

美国南北战争时，林肯的几位朋友攻击他的一些敌人，林肯却说：“你们对私人恩怨的感觉比我要多，也许我的这种感觉太少了吧。可是，我一向认为这很不值得。一个人实在没有必要把他半辈子时间都花在争吵上。如果那些人不再攻击我，我也就不再记他们的仇了。”

我真希望伊迪丝姑妈也有林肯这种宽恕精神。她和法兰克姑父住在一个抵押出去的农庄上。那里土质很差，灌溉不良，收成又不好，所以他们的日子过得很紧，每分钱都要节省着用。可是，伊迪丝姑妈很喜欢买一些窗帘和其他小东西来装饰家里，为此她常向一家小杂货铺赊账。法兰克姑父很注重信誉，不愿意欠债，所以他悄悄告诉杂货店老板，不要再让他妻子赊账买东西，伊迪丝姑妈听说后大发脾气。这事至今差不多有50年了，她还在发脾气。我曾经不止一次听她说这件事。最后一次见到她时，她已经70多快80岁了。我对她说：“伊迪丝姑妈，法兰克姑父这样羞辱你确实不对。可是难道你不觉得，你已经埋怨了半个世纪了，这比他所做的事还要糟糕吗?”（结果我这话说了还是等于白说。）

伊迪丝姑妈为她这些不快的记忆也付了昂贵的代价，付出了半个世纪自己内心的平静。

富兰克林小的时候，犯了一次70年来一直没有忘记的错误。他7岁时看中了一只哨子，他兴奋地跑进玩具店，把所有的零钱放在柜台上，也不问价钱就把哨子买下了。70年后他在给一个朋友的信中写道：“后来，我跑回家，吹着这只哨子，在房间里得意地转着。”他的哥哥姐姐发现他买哨子多付了钱，都来取笑他，“我懊恼得痛哭了一场。”

富兰克林在这个教训里学到的道理非常简单：“长大后，我见识了人类许多行为，认识到，许多人买哨子都付出了太多的钱。简而言之，我确信人类的苦难，相当一部分产生于他们对事物的价值做出了错误的估计，也就是，他们买哨子多付了钱。”

托尔斯泰娶了一个他非常钟爱的女子，他们在一起非常快乐。可是，托尔斯泰的妻子天生嫉妒心很强，常常窥测他的行踪，他们时常争吵得不可开交。她甚至嫉妒自己亲生的儿女，曾用枪把女儿的照片打了一个洞。她还在地板上打滚，拿着一瓶鸦片威胁说要自杀，吓得她的孩子们躲在房间的角落里直叫。

如果托尔斯泰跳起来，把家具砸烂，我倒不怪他，因为他有理由这样生气。可是他做的事比这个要坏得多，他记一本私人日记！这就是他的“哨”。在那里。他努力要让下一代原谅他，而把所有错都推到他妻子身上。他妻子如何对付他呢？她当然是把他的日记撕下来烧掉。她自己也记了一本日记，把错都推到托尔斯泰身上。她甚至还写了一本小说，题目就叫《谁之错》。在小说里，她把丈夫描写成一个破坏家庭的人，而她自己则是一个牺牲品。

结果，他们把唯一的家，变成了托尔斯泰自称的“一座疯人院”。这两个无聊的人为他们的“哨子”付出了巨大的代价。50年的光阴都生活在一个可怕的地狱里，只因为两人中没有一个有头脑说“不要再吵了”；只因为两人都没有足够的价值判断力，能够说：“让我们在这件事上马上告一段落。我们是在浪费生命。让我们现在就说‘够了’吧。”

不错，我非常相信这是获得内心平静的秘诀之一——要有正确的价值观念。

所以，要在忧虑毁了你之前，先改掉忧虑的习惯，第五条规则就是：

任何时候，我们想拿钱买东西或为生活付出

代价，要先停下来，用下面三个问题问问自己：

（1）我现在正在担心的问题，和我自己有何关联？

（2）在这件令我忧虑的事情上，我应在何处设置“到此为止”的最低限度——然后把它整个忘掉。

（3）我到底该付这个“哨子”多少钱？我所付的是否已超过了它的价值？

所以说，要想改掉忧虑的习惯，你就要遵循第五条规则：

为忧虑划出“到此为止”的底线。

让忧虑告别你的生活

就事业而言，在现实的生活中，我们每天必须亲自处理各种各样的日常工作，这些工作不仅满足我们生存的需要，同时也给我们带来快乐，但在相当多数情况下我们其中的一些人却享受不到工作的快乐，而是痛苦于由工作压力带来的种种忧虑。

我曾参与过一项名为“压力下的家庭健康”的调查，在接受调查的20 000人中有近85%的人认为，绝对需要学习如何处理压力。根据过去10年美国家庭医师协会（American Academy of Family Practitioners）的调查估计，一般的病人中，有近3/4具有与压力有关的问题。这样的调查和其他类似的调查统计，引起许多公司机构与企业界领导人的关注，因为在过去的一年里，怠工以及与压力相关的疾病而造成的生产效益低下，已使得他们的公司损失了500亿美元。而且他们相信在两年以内，这种花费会增至750亿美元。而且他们平均每位美国的工人要花750美元。家庭与婚姻是受压力影响最严重的领域。一般来说，压力是婚姻问题与人际关系问题的最根本的原因之一。

艾柯森博士在他的一篇医学报告中为我们总结了一些关于工作压力带来的忧虑症状。他说，压力是精神与身体对内在、外在事件的生理反应与心理反应，具有下列特征：

主观性——同样的事件有人觉得有压力，有人却觉得不怎么样；

评价性——同样的压力有人认为对自己有帮助，然而有人却认为对自己有副作用；

活动性——压力会因为对每一个人造成的严重性不同，从而产生程度不同的压力。

艾柯森仔细地观察他的病人，发现80%的人因为工作的压力产生忧虑，而烦躁和忧虑致使他们的身体经常呈现如下这样一些症状。

情绪：紧张，敏感，多疑，不稳定，焦躁不安，忧虑烦恼，难以放松等。

生理：口干舌燥，心跳急速，异常出汗，肌肉紧绷僵硬，便秘，头痛，失眠，血压升高，全身酸痛，疲劳，精神不济，消化系统不良，新陈代谢失调等。

行为：抱怨，争执，挑剔，责备，暴力，滥用药物，生活作息混乱，坐立不安等。

不错，工作的压力是忧虑的主要来源，但忧虑最能伤害到你的时候，不是在你有所行动的时候，而是在一天的工作做完了之后。你曾否注意到，当你在工作出现过失或者差错的时候，你害怕别的同事或者上司会发现这事时，你心中有着一股怎样强大的压力？这种压力是我们每个人都会有的，因为我们都曾经或多或少地在工作中出现过失误。

我在得州举办的成人教育班上，一个叫玛丽苏伊曼的女士讲述了她一段至今难忘的经历。

“10年前，我刚刚从佛罗里达州立大学毕业进入一家洗涤品公司销售部工作，当时公司新研制出了一种冰箱除味剂，首先在几家超市做了试销，效果还不错，接着上司肖恩向我布置了新的销售任务：一星期内作出一份销售除味剂的策划案。当时我异常紧张：‘我只是个新手，为什么让我来做挑战性这么大、风险又这么高的策划案？为什么肖恩不让已经在这里工作了两年的彼得去做?’在这样的不安中我度过了前两天，我当时真实的感受是，当黎明到来的时候，我迅速起床赶到一个个社区中给每个家庭主妇分发除味剂，然后就在现场统计关于价格啊，包装啊，气味啊等方面的调查结果，到了晚上我面对摆在桌子上的一堆资料开始忧虑：‘这样能行吗?别的同事是否会取笑甚至在会上反对这种销售方式?成功的概率到底有多少?’整个夜晚就在这样的质疑中迷迷糊糊度过。到了第四天事情开始出现转机，一位退休在家的老教授找到我们公司，急切地问你们的除味剂怎么在超市的货架上找不到。这样简短的一个问题使我打消了忧虑，我自信地告诉肖恩我的策划案已经完成。压力消失了，困扰也不在了，我们成功地推销了新除味剂。”

虽然事情时隔10年了，玛丽依然很激动，“可能很多人生活中的忧虑和不快乐来自工作中的压力，其实更多的情况是，工作的压力不是因为工作本身，而是我们自己给自己制造的压力。”

著名的心理学者哈里·赖文生博士，谈到我们对自己将来的光明前景的期待的问题。他说，我们总是尽力使每一件事尽善尽美，因为我们希望能活得更像心目中的自己。但在实际状况与自我期望之间总是有一段距离，这距离就是引起压力的根源，也称为自我的压力。因此理想中的我是导致潜在问题的原因。前几年一个经常和我联系的商人谈到了他在这种压力中挣扎的经验。他说：“许多年前我的公司曾经问过我，是否愿意考虑调职到日本。那真是表现自我的好机会，但我知道，若我接受，很可能会造成家庭问题。我已因职业的关系，而搬家至四个不同的城市，某一次搬家之后，当时我那15岁的大儿子，离家出走了几天，以示抗议。我知道我不应再考虑为事业而搬家，因我另外一个儿子，那时也已经15岁，正值青春期的危险年龄。但我仍让上司将我列入考虑人选中达6周之久。在这段时间里，我说：‘我不会自我推荐的，上帝啊，我会让别人来决定。’我的太太琼说：‘我祷告，求神指示我们。’而我知道，这是她表示不愿意去的方式。我那15岁的儿子则坦白地对我说：‘爸爸，我不要再搬家。’在6周后事情决定了，是由另一位同事去。虽然我口里说‘那好啊’，但两天以后，我患了肠疾，而且并没有立刻就好，就在那个时候我才明白我的挣扎有多严重。病了4天后，半夜肚子不舒服使我醒来，我轻声地祷告：‘我现在才知道我一直在苦苦挣扎，请赦免我只想到自己的需要。请医治我与家人的关系……并且也请医治我身体上的不舒服。’那夜我也不必再爬起来了，因为我的罪已得赦免，而我的难处也随着紧张一并消失。结果我得到宝贵的教训，当一个人不顾一切要得到一个工作上的地位，而甘冒失去家庭和邻里的和谐关系这种风险时，就会丧失分辨是非黑白的能力。”

在忙碌的生活中，自我管理的能力实在很重要，而正确处理理想的自我便是其中重要的部分。或许我们生命中有的时间，是花费在自己的事情与追逐自我的理想中。我们只为自己着想，因为那会使我们陷在自我的捆绑中。换句话说，而是每日的压力，加上过多的焦虑伤害了我们。

另外还有一种压力，是来自犹豫不决的困扰。

有的时候你在工作中受到的压力，就和你得了感冒一样，是渐渐形成的。没人能事先警觉，因为每一个人都知道，一点点的压力不会伤害你，或许还有些好处呢。但当有一天你可能会发现你受到的压力，已超过了负荷，而你甚至不知道是从什么时候开始的。于是，你必须寻求一种医治的方法使你从十分疲惫的争斗中得以解脱。在这项个人与压力的搏斗中，你若放弃自己的一意孤行，压力就可以减少许多。

所以，要改掉你忧虑的习惯，第六条规则就是：

让忧虑告别你的生活。

不要试图锯那些早已锯碎的木屑

当你在为那些已经过去的事忧虑的时候，你不过是在锯一些木屑。

我院子里有一些恐龙的足迹——留在大石板和木头上的恐龙的足迹。它们是我从耶鲁大学皮氏博物馆里买来的。馆长还来信介绍说，这些足迹是18 000万年前留下的。

就连白痴也不会想到去改变18 000万年以前的足迹，而人的忧虑却和这种想法一样愚蠢：因为就算是180秒钟以前所发生的事情，我们也不可能回过头来纠正它。我们可以想办法改变180秒钟以前发生的事情所产生的影响，但无法改变当时所发生的事情。

唯一可以使过去的错误有价值的方法，就是很平静地分析错误，从中吸取教训——然后再把错误忘掉。

几年前，我开办了一个很大的成人教育补习班，很多城市设有分部，在维持费和广告费上花了很多钱。当时我忙于上课，既没有时间，也没有心情去管理财务，而且我当时很天真，不知道应该有一个优秀的业务经理来安排各项支出。

过了差不多一年，我突然发现，虽然我们收入不少，但却没有获得一点利润。我本该立刻做两件事。

第一，像黑人科学家乔治·华盛顿·卡佛尔在全部财产损失后所做的那样，把这笔损失从脑子中抹去，然后再也不去提起。

第二，我应该认真分析错误，从中吸取教训。

可是我一样也没有做。相反的，我开始发起愁来，一连几个月都恍恍惚惚的，觉也睡不好。不但没有从中学到东西反而接着又犯了一个规模稍小的同类错误。真是“教20个人怎样做，比自己一个人去做，要容易得多”。

亚伦·山德士先生永远记得他的生理卫生课老师保尔·布兰德温博士教给他的最有价值的一课。“当时我只有十几岁，却经常为很多事发愁，为自己犯过的错误自怨自艾。我老是在想我做过的事，希望当初没有那么做，我老是在想我说过的话，希望当时把话说得更好。

“一天早晨，我们走进科学实验室，发现保

罗·布兰德温老师的桌边放着一瓶牛奶。真不知道那和他教的生理卫生课有什么关系。突然，老师一把把那瓶牛奶打翻在水槽中，同时大声喊道：‘不要为打翻的牛奶而哭泣。’

“然后，他把我们叫到水槽边上说：‘好好看看，永远记住这一课。你们看牛奶已经漏光了。无论你怎么着急，如何抱怨，也不能救回一滴了。只要先动点脑筋，先加以防范，那瓶牛奶就可以保住。可是现在已经太迟了——我们所能做到的，只是把它忘掉，去想下一件事。’

“这次表演使我终生难忘。它教给我，只要有可能，就不要打翻牛奶。万一牛奶打翻整个漏光时，就要把这件事彻底忘掉。”

“不要为打翻的牛奶而哭泣”是老生常谈，却是人类智慧的结晶。即使你读过各个时代很多伟人写的有关忧虑的书籍，你也不会看到比“船到桥头自然直”和“不要为打翻的牛奶而哭泣”更有用的老生常谈了。事实上，只要我们能多利用那些古老的俗语，我们就可以过一种近乎完美的生活。然而，如果不加以利用，知识就不是力量。本书的目的并非告诉你什么新的东西，而是要提醒你注意那些你已经知道的事，鼓励你把已经学到的那些加以应用。

已故的佛烈德·富勒·须德有一种能把古老的真理，用又新又吸引人的方法说出来的天分。有一次在大学毕业班讲演时，他问道："有谁锯过木头，请举手。"大部分学生都举了手。他又问："有谁锯过木屑？"没有一个人举手。

"当然，你们不可能锯木屑。"须德先生说："过去的事也是一样，当你开始为那些已经做完的和过去的事忧虑的时候，你就是在锯一些木屑。"

棒球老将康尼·马克81岁时，我问他有没有为输了的比赛忧虑过。

"我过去常这样。可是，我发现这样做对我完全没有好处，磨完的粉不能再磨，"他说，"水已经把它们冲到底下去了。"

杰克·邓普塞在和我一起吃晚饭时，告诉我他把重量级拳王的头衔输给金·童黎的那一仗。"……到了第十回合完了，我虽然还没有倒下去，但脸已经肿了，而且有很多伤痕，两只眼睛几乎无法睁开。……我看见裁判员举起金·童黎的手，宣布他获胜……我不再是世界拳王了，我在雨中往回走，穿过人群回到自己的屋里……

“一年之后。我再次跟童黎比赛，结果仍是如此，我就这样永远完了。要完全不为此事发愁确实很困难，可我对自己说：‘我不能生活在过去的阴影里，我要承受这次打击，不能让它把我打倒。’”

于是，他努力忘掉失败，集中精力为未来谋划，他经营百老汇的邓普赛餐厅和大北方旅馆，他安排和宣传拳击赛，举办有关拳赛的各种展览会。这样，他既无时间也没心思去为过去担忧。“我现在的生活，比我在做世界拳王时要好得多。”

莎士比亚告诉我们：“聪明的人永远不会坐着为自己的损失而悲伤，却会很高兴地去找出办法来弥补创伤。”

我曾经到星星监狱去看过，那里最令我吃惊的是：囚犯们看起来都和外面的人一样快乐。监狱长告诉我，这些罪犯刚去时都心怀怨恨而脾气很坏。可是几个月后，大部分聪明一点的人都能忘掉他们的不幸，安下心来适应他们的监狱生活。他还告诉我，有一个犯人过去在园林里工作，他在监狱围墙里种菜种花时，还能唱出歌来，因为他知道，流泪是没有用的。

当然，有了错误和疏忽都是我们的不对。可是，谁没犯过错呢？拿破仑在他所有重要战役中也输过1/3。也许我们的平均纪录比拿破仑还少呢。

何况，即使动用所有国王的人马，也不能挽回已经过去的东西。所以，第七条规则是：

“不要试图去锯那些早已锯碎的木屑。”

第四章

做自己情绪的主人

温和友善更有亲和力

如果你发起脾气，对人家说出一两句不中听的话，你会有一种发泄感。但对方呢？他会分享你的痛快吗？你那火药味的口气、敌视的态度，能使对方更容易赞同你吗？“如果你握紧一双拳头来见我，”威尔逊总统说，“我想，我可以保证，我的拳头会握得比你的更紧。但是如果你来找我说：‘我们坐下，好好商量，看看彼此意见相异的原因是什么。’我们就会发觉，彼此的距离并不那么大，相异的观点并不多，而且看法一致的观点反而居多。你也会发觉，只要我们有彼此沟通的耐心、诚意和愿望，我们就能沟通。”

工程师史德伯希望他的房租能够减低，但他知道房东很难缠。“我写了一封信给他，”史德伯在讲习班上说，“通知他，合约期一满，我立刻就要搬出去。事实上，我不想搬，如果租金能减低，我愿意继续住下去，但看来并不可能，因为其他的房客都试过失败了。大家都对我说，房东很难打交道。但是，我对自己说，现在我正在学习为人处世这一课，不妨试试，看看是否有效。

“他一接到我的信，就同秘书来找我。我在门口欢迎他，充满善意和热忱。开始我并没有谈论房租太高，只是强调我多么的喜欢他的房子。我真是‘诚于嘉许，惠于称赞’。我称赞他管理有道，表示我很愿再住一年，可是房租实在负担不起。

他显然是从未见过一个房客对他如此热情，他简直不知道该怎么办才好。

“然后，他开始诉苦，抱怨房客，其中一位给他写过14封信，太侮辱他了。另一位威胁要退租，如果不能制止楼上那位房客打鼾的话。‘有你这种满意的房客，多令人轻松啊！’他赞许道。接着，甚至在我还没有提出要求之前，他就主动要减收我一点租金。我想要再少一点，就说出了我能负担的数字，他一句话也不说就同意了。

“当他离开时，又转身问我：‘有没有什么要为你装修的地方呢？’

“如果我用的是其他房客的方式要求减低房租

的话，我相信，一定会得到其他房客同样的下场。使我达到目的的是友善、同情、称赞的方法。”

再举一个例子。这次是一位女士——一位社交界的名人——戴尔夫人，来自长岛的花园城。戴尔夫人说：“最近，我请了几个朋友吃午饭，这种场合对我来说很重要。当然，我希望宾主尽欢。我的总招待艾米，一向是我的得力助手，但这一次却让我失望。午宴很失败，到处看不到艾米，他只派个侍者来招待我们。这位侍者对第一流的服务一点概念也没有。每次上菜，他都是最后才端给我的主客。

“有一次，他竟在很大的盘子里上了一道极小的芹菜，肉没有炖烂，马铃薯油腻腻的，糟透了。我简直气死了，我尽力从头到尾强颜欢笑，但不断对自己说：等我见到艾米再说吧，我一定要好好给他一点颜色看看。

“这顿午餐是在星期三。第二天晚上，听了为人处世的一课，我才发觉：即使我教训艾米一顿也无济于事。他会变得不高兴，跟我作对，反而会使我失去他的帮助。我试着从他的立场来看这件事：菜不是他买的，也不是他烧的，他的一些手下太笨，他也没有法子。也许我的要求太严厉，火气太大。所以我不但准备不苛责他，反而决定以一种友善的方式做开场白，以夸奖来开导他。这个方法效验如神。第三天，我见到了艾米，他带着防卫的神色，严阵以待准备争吵。我说：‘听我说，艾米，我要你知道，当我宴客的时候，你若能在场，那对我有多重要！你是纽约最好的招待。当然，我很谅解：菜不是你买的，也不是你烧的。星期三发生的事你也没有办法控制。’我说完这些，艾米的神情开始松弛了。艾米微笑地说：‘的确，夫人，问题出在厨房，不是我的错。’我继续说道：‘艾米，我又安排了其他的宴会，我需要你的建议。你是否认为我们再给厨房一次机会呢？’‘呵，当然，夫人，上次的情形不会再发生了！’下一个星期，我再度邀人午宴。艾米和我一起计划菜单，他主动提出把服务费减收一半。当我和宾客到达的时候，餐桌上被两打美国玫瑰装扮得多彩多姿，艾米亲自在场照应。即使我款待玛莉皇后，服务也不能比那次更周到。食物精美滚热，服务完美无缺，饭菜由四位侍者端上来，而不是一位，最后，艾米亲自端上可口的甜美点心作为结束。散席的时候，我的主宾问我：‘你对招待施了什么法术？我从来没见过这么周到的服务。’她说对了。我对艾米施行了友善和诚意的法术。”

大约在一百年前，林肯就说过这个道理：

“当一个人心中充满怨恨时，你不可能说服他依照你的想法行事。那些喜欢骂人的父母、爱挑剔的老板、喋喋不休的妻子……都该了解这个道理。你不能强迫别人同意你的意见，但却可以用引导的方式，温和而友善地使他屈服。

曾经有个格言：“‘一滴蜜比一加仑的胆汁更能捕到苍蝇。’如果你想说服一个人，首先要让他认为你是他的挚友，然后再逐渐达到说服的目的。”

多年以前，当我赤着脚，穿过树林，走路到密苏里州西北部一个乡下学校上学的时候，有一天我读到一则有关太阳和风的寓言。太阳和风在争论谁更强而有力。风说：“我来证明我更行。看到那儿一个穿大衣的老头了吗？我打赌我能比你更快使他脱掉大衣。”

于是太阳躲到云后，风就开始吹起来，越吹

越大，大到像一场飓风；但是风吹得越急，老人越把大衣紧裹在身上。

终于，风平息下来，放弃了。然后太阳从云后露面，开始以它温暖的微笑照着老人。不久，老人开始擦汗，脱掉大衣。太阳对风说，温和和友善总是要比愤怒和暴力更强而有力。

古老的寓言依旧合乎现代的意义。太阳的温和使人们乐意脱去外衣，风的冷酷反而使人们更加裹衣取暖。相同的，亲切、友善、赞美的态度，更能使一个人摈弃成见，抛下私我而面对理性，这是人性的自然流露。

波士顿是美国历史上的教育和文化中心，小时候的我根本不敢梦想能有机会看到它。为这件事做见证的是华尔医师，他在30年后变成了我那讲习班上的同学，以下是他在讲习班上所讲的那个故事：

那年头波士顿的报纸充斥着江湖郎中的广告——堕胎专家和庸医的广告。表面上是给人治病，骨子里却以恐吓的词句，类似“你将失去性能力”等等，欺骗无辜的受害者。他们的治疗方法使受害者满怀恐惧，而事实上却根本不加以治疗。

他们害死了许多人，却很少被定罪。他们只要缴点罚款或利用政治关系，就可以逃脱责任。

但一切都无济于事。议会掀起争论，这种情况太严重了，激起了波士顿很多善良民众的义愤。传教士拍着讲台，痛斥报纸，祈求上帝能终止这种广告。公民团体、商界人士、妇女团体、教会、青年社团等，一致公开指责，大声疾呼要使这种无耻的广告不合法，但是在利益集团和政治的影响力之下，各种努力均告徒然。

华尔医师是波士顿基督联盟的善良民众委员会主席，他的委员会用尽了一切方法，都失败了。这场抵抗医学界败类的斗争，似乎没有什么成功的希望。

接着，有一天晚上，华尔医师试了波士顿显然没有人试过的一个办法。他所用的是仁慈、同情和赞美。他的目的是使报社自动停止那种广告。他写了一封信给《波士顿先锋报》的发行人，表示他多么仰慕该报：新闻真实，社论尤其精彩，是一份完美的家庭报纸，他一向看该报。华尔医师表示，以他的看法，它是新英格兰地区最好的报纸，也是全美国最优秀的报纸之一。“然而，”

华尔医师说道，“我的一位朋友有个小女儿。他告诉我，有一天晚上，他的女儿听他高声朗读贵报上有关堕胎专家的广告，并问他那是什么意思。老实说他很尴尬，他不知道该怎么回答。贵报深入波士顿上等人家，既然这种场面发生在我的朋友家里，在别的家庭也难免会发生。如果你也有女儿，你愿意她看到这种广告吗？如果她看到了，还要你解释，你该怎么说呢？很遗憾，像贵报这么优秀的报纸——其他方面几乎是十全十美——却有这种广告，使得一些父母不敢让家里的女儿阅读。可能其他成千上万的订户都和我有同感吧！”

两天以后，《波士顿先锋报》的发行人，回了一封信给华尔医师。日期是1904年10月13日。华尔医师保留了这封信有1/3世纪。他参加讲习班后，把它交给了我。我在写这段时，它就放在我的面前：

麻省波士顿华尔医生

亲爱的先生：

11日致本报编辑部来函收纳，至为感激。贵函的正言，促使我实现本人自接掌本职后，一直有心于此但未能痛下决心的一件事。

从下周一起，本人将促使《波士顿先锋报》摒弃一切可能招致非议的广告。

暂时不能完全剔除的广告，也将谨慎编撰，不使它们造成任何不快。

贵函惠我良多，再度致谢，并盼继续不吝指正。

太阳能比风更快使你脱下大衣；仁厚、友善的方式比任何暴力更易于改变别人的心意。因此，要想做自己情绪的主人，就要懂得：

温和友善更具有影响力

把愤怒掌控在自己手中

有的人爱发脾气，容易愤怒，稍不如意，便火冒三丈。发怒时极易丧失理智，轻则出言不逊，影响人际关系；重则伤人毁物，有时还会造成难以挽回的损失，事后让易怒者追悔莫及。

愤怒是一种常见的消极情绪，它是当人对客观现实的某些方面不满，或者个人的意愿一再受到阻碍时产生的一种身心紧张状态。在人的需要得不到满足，遭到失败，遇到不公，个人自由受限制，言论遭人反对，无端受人侮辱，隐私被人揭穿，上当受骗等多种情形下人都会产生愤怒情绪。愤怒的程度会因诱发原因和个人气质不同而有不满、生气、愤怒、恼怒、大怒、暴怒等不同层次。发怒是一种短暂的情绪紧张状态，往往像暴风骤雨一样来得猛，去得快，但在短时间内会有较强的紧张情绪和行为反应。

易怒者主要与其个性特点有关，大都属于气

质类型中的胆汁质。胆汁质的人直率热情，容易冲动，情绪变化快，脾气急躁，容易发怒。易怒还与年龄有关，青年人年轻气盛，情绪冲动而不稳定，自我控制力差，比成年人更易发怒。

愤怒的情绪对人的身心健康是不利的。人在愤怒时，由于交感神经兴奋，心跳加快，血压上升，呼吸急促，所以经常发怒的人易患高血压、冠心病等疾病；愤怒还会使人缺乏食欲，消化不良，导致消化系统疾病；而对一些已有疾病的患者，愤怒会使病情加重，甚至导致死亡。这一点古人早有认识，如中医认为“怒伤肝”“气大伤神”等。

一般而言，生气时刻可归类为下列几种：

当你因某种因素感到受挫、受胁迫或被他人轻蔑时；当你朝着既定目标前进，却可能由于某人的行为而受到阻碍时。

当着实受到严重伤害，但为了掩饰自己的脆弱，于是代之以愤怒，以求自卫。

当某种情境或某人的行为勾起对昔日某种不堪的回忆时。

当觉得自己的权利受到剥夺，或遭到某人误

解时。

当受到惊吓或处事不当时，自己生自己的气。

我们的确有时免不了会生气，但却鲜有人知道该如何来处理这种情绪。为了了解其中的原因，也为了探究愤怒产生的缘由，现在就让我们概要地来看一看一些可能伴随愤怒而来的情绪。

1.自以为是

当我们对某件事感到愤怒时，容易坚信自己是站在正义的一方，而别人则是错得离谱。在此种情况下，你不妨先问一问自己，事实真是如此吗？如果我们仍旧深信不疑，继之选择了表示自己的愤怒，如此一来，你表现的，极可能就是一副得理不饶人，气焰高涨的样子。你不妨扪心自问一下，你真的想给对方一点颜色瞧瞧吗？如果你有一丝一毫这种感觉，那么原因可能是你太看重自己了，抑或将他人的所作所为均看成和自己有利害关系，而非仅是他人的因素。举例来说，如果有个朋友答应你，要在星期一之前打电话给你，让你知道她是否能够帮你处理宴会事宜，但现在已经星期三了，而她依然没打电话过来——假使如此让你感到生气且义愤填膺，不要认为她一点都不尊重你，也许她只是临时有其他事耽搁了，所以无法打电话给你。纵使这样并不能让愤怒消失无踪，但起码可以将它导向正轨。

2.自尊受损

关于这方面的应对之道已多所论及。事实上，如果我们觉得自尊心受损，我们可能就会把事情看得过于个人化，认为他人的行为均是针对你的攻击或侮辱，即使他们并未存心如此。

3.好下结论

此项与前两项，尤其是“自以为是”，有着相当密切的关系。有人做了我们无法苟同的事，因此“他一定是错的”。如果你是个好下结论的人，你的思考一定倾向于这种方式：“他绝对是个笨蛋之极的人”；等等。

倘若我们存有这种想法与感觉，往往就会在我们和相关者谈话时，于不知不觉中显露无遗。毕竟，很少人会真的直接明白地表达出自己的愤怒的原因。

愤怒是一种极具毁灭力量的情绪，它不仅能够摧毁你的健康，而且可以扰乱你的思考，给你的工作和事业带来不良的影响。既然愤怒对我们的生活有害无益，我们应该怎么来克制自己的愤怒情绪呢？首先可以通过意志力控制愤怒，使愤怒情绪少产生，或有愤怒不发作。当愤怒时要多想想盛怒之下失去理智可能引起的种种不良后果，心中不断提醒自己“不要发怒”，努力控制自己的情绪表现，这样可以起到控制愤怒的作用。

其次可以主动释放愤怒情绪，将心中的愤懑、不平向人倾诉，从亲朋好友处得到规劝和安慰，可以缓解怒气。还可以在工作、学习中向使自己愤怒的人说明自己的不满，说出自己的意见，使矛盾得以调和，不满得以消除。

另外，易怒的人还可以尽量避免接触使自己发怒的环境，减少愤怒情绪，或者在即将发怒时通过转移注意力而减轻愤怒，尽快离开当时的环境，避免进一步的刺激，使愤怒情绪消退。发怒时可以看电影、逛公园、听音乐、散步，使注意力转向其他与愤怒无关的活动中，新的活动内容激发新的情绪，可使愤怒的程度降低。

具体而言，我们可以采取以下方法来控制自己的愤怒。

1.正面行动

愤怒提醒了我们，世事并非都如人所愿。不满是一件极富正面意义的事，少了它，人们就只会接受现状，而不会为了迈向自己的目标，采取任何行动。举例来说，如果20世纪初的女性未曾因自己被掠夺公权而感到愤怒，那么她们也就不会为了投票权而抗争了。

2.纾解压力

表达愤怒可以缓解压力，否则压抑的情绪可能会导致焦虑，甚至疾病，这些症状均可借由愤怒的宣泄得到疏解。然而这并不意味着，我们必须将愤怒直接发泄在生气的对象身上。

3.更为开诚布公

愤怒可以使得双方关系更开诚布公，进而互相信赖。如果你知道某人愿意和你谈谈最为棘手的核心，而非只是将其含糊带过，假装好像不存在似的，那么一股崇敬之情便油然而生。

4.情感疏通

倘若我们在情绪产生时，能够确实触及自己真正的感受（包括愤怒在内），并加以适当处理，那么我们则不太可能将那些未表达或封闭的情绪囤积起来，以避免巨大的内在压力或严重的沟通不良。

5.实现目标

不容忽略的是，存在愤怒情绪中的能量，同样是一股实现目标的动力。如果运用得当，它将能够帮助我们成为一个有自信、坚定的人，能够恰切地表达自己的内在感受，并且得到自己生命中梦寐以求的事物。但请务必谨慎处理。

所以，要做自己情绪的主人，第二条规则就是：

把愤怒掌控在自己手中。

战胜悲伤，保持阳光心态

你为什么总是失败？无数次的失败将你推入黑暗的世界，享受不到成功的阳光，你想过没有，是谁挡住了你的阳光？

每一种心态都是每个人对人生的不同看法。在如铁般的现实里，每个人都不可避免地遭受这样或那样的打击和挫折：因为高考落榜而精神萎靡，或是因为失恋而痛苦忧伤，因为无法适应快节奏的工作而丧失斗志？这些心理多半是人们意志薄弱、心态不成熟的一种表现。而这些异常的心理和悲观的心态往往导致痛苦的人生，往往影响对环境的正确看法。悲观者实际上是以自己悲观消极的想法看待客观世界，在悲观者心目中，现实是或多或少被丑化了的。现在社会上许多人，对未来和生活，常常持有一种悲观的迷茫心理。对自己的过去，不管有无成败，不管有无辉煌，都一概加以否定，心理上充满了自责与痛苦，嘴上有说不完的遗憾；对未来缺乏信心，一片迷茫，以为自己一无是处，什么事都干不好，认知上否定自己的优势与能力，无限放大自己的缺陷。

戴高乐曾经说过："困难，特别吸引坚强的人。因为他只有在拥抱困难时，才会真正认识自己。"这句话一点也没错，有时，我们需要把困难当成机遇。

你自己努力过吗？你愿意发挥你的能力吗？对于你所遭遇的困难，你愿意努力去尝试，而且不止一次地尝试吗？只试一次是绝对不够的，需要多次尝试。那样你会发现自己心中蕴藏着巨大能量。许多人之所以失败，只是因为未能竭尽所能去尝试，而这些努力正是成功的必备条件。仔细查看列出的失败清单，看看过去你是否已竭尽所能。如果答案是否定的话，试试克服困难的第二个重要步骤，这就是学会真正思考，认真积极地思考。我确信积极思维的力量是惊人的，任何失败均能通过积极思维来解决，你能以积极思维来解决任何问题。

有一个14岁的男孩在报上看到应征启事，正好是适合他的工作。第二天早上，当他准时前往应征地点时，发现应征队伍已排了20个男孩。

如果换成另一个意志薄弱、不太聪明的男孩，可能会因为如此而打退堂鼓。

但是这个小伙子却完全不一样。他认为自己应动脑筋，他不往消极面思考，而是认真用脑子去想，看看是否有法子解决。于是，一个绝妙方法便产生了！

他拿出一张纸，写了几行字，然后走出行列，并要求后面的男孩为他保留位子。他走到负责招聘的女秘书面前，很有礼貌地说："小姐，请你把这张便条交给老板，这件事很重要。谢谢你！"

这位秘书对他的印象很深刻，因为他看起来神情愉悦，文质彬彬。如果是别人，她可能不会放在心上，但是这个男孩不一样，他有一股强有力的吸引力，令人难以忘记。所以，她将这张纸条交给了老板。

老板打开纸条，看后笑笑交还给秘书。她也把上面的字看了一遍，同样笑了起来，上面是这样写的：

"先生，我是排在第21号的男孩。请不要在见我之前做出任何决定。"

你想他得到这份工作了吗？你认为呢？像他这样会思考的男孩无论到什么地方一定会有所作为。虽然他年纪很轻，但是他知道认真思考。他已经有能力在短时间内抓住问题核心，然后全力解决它，并尽力做好。实际上，你一生中会遇到很多诸如此类的问题。当你遇到问题时，一旦认真进行思考，便更容易找到解决办法。

要想克服失败的思维方式，学会积极思考非常关键。人必须调整心态，直到否定思维转变成肯定思维为止。

让每天都有一个愉快的开始，则一天里所有的事都会变好。

你要想做自己情绪的主人：请记住第三条：

战胜悲伤，保持积极心态。

了解并喜欢自己

史迈利·布兰敦在一本书中写道："适当程度的'自爱'对每一个正常人来说，是很健康的表现。为了从事工作或达到某种目标，适度关心自己是绝对必要的。"

布兰敦医师讲得很对。要想活得健康、成熟，"喜欢你自己"是必要条件之一。但这是表示"充满私欲"的自我满足吗？不是的。这应该是意味着"自我接受"的一种清醒的、实际的自我接受，并伴以自重和人性的尊严。

心理学家马斯洛在其著作《动机与个性》中也曾提到"自我接受"。他如此写道："新近心理学上的主要概念是：自发性、解除束缚、自然、自我接受、敏感和满足。"

成熟的人不会在晚间躺在床上比较自己和别人不同的地方。他可能有时会批评自己的表现，或觉察到自己的过错，但他知道自己的目标和动机是对的，他仍愿意继续克服自己的弱点，而不是自悔自叹。

成熟的人会适度地忍耐自己，正如他适度地忍耐别人一样。他不会因自己的一些弱点而感到活得很痛苦。

喜欢自己，是否会像喜欢别人一样重要呢？我们可以这么说：憎恨每件事或每个人的人，只是显示出他们的沮丧和自我厌恶。

哥伦比亚大学教育学院的亚瑟·贾西教授，坚信教育应该帮助孩童及成人了解自己，并且培养出健康的自我接受态度。他在其著作《面对自我的教师》中指出：教师的生活和工作充满了辛劳、满足、希望和心痛，因此，“自我接受”对每名教师来说，是同等重要的。

今日，全美国医院里的病床，有半数以上是被情绪或精神出了问题的人所占据。据报道，这些病人都不喜欢自己，都不能与自己和谐地相处下去。

我并不想在此处分析导致这种情况的各种因素。我只是认为，在这个充满竞争的社会，我们往往以物质上的成就来衡量人的价值。再加上名望的追求、枯燥乏味的工作，处处都使我们的灵魂容易生病。我还坚信，普遍缺乏一种有力、持续的宗教信念，更是人们精神迷乱的重要因素。

哈佛大学的教授怀特在《进步：性格自然成长的分析》中谈起了目前社会很流行的一种观念：人应该调整自己去适应环境。怀特反驳说："这种观念认为一个人的理想状态就是能成功地压抑自己以适应狭窄的生活方程式，而不问这样做的结果是使人失去个性、目标和方向，影响了人创造与发展的潜能。"

我非常赞同怀特博士的观点。很少人有勇气特立独行或直面真实处境。我们在行动之前就被社会文化和经济观念限制住了。从吃饭、穿着到生活方式和观念，我们和邻居如此相似。一旦我们某个不一样的行为与这种环境相异时，我们就会变得精神紧张或神经过敏，甚至于厌恶自己。

我认识的一个女性嫁给了一个野心勃勃、很有进取心、独断专行的政治家，于是，夫妇两人的社交圈——就是所谓的名流圈子，里面横竖着以社会地位和金钱数量来权衡人的标准。这位女性温柔贤淑，有谦虚的性格。在这种环境中她的优点都被别人认为的缺点所取代。她越来越自卑，直到讨厌自己。

在我看来，这个女人的问题的关键不在于她无法适应环境，而在于她无法适应和接受自己，无法心平气和、快快乐乐地接受自己。她没有彻底明白一个人只能按照自己的性格而不可能按照别人的性格来行事。

她要做的第一件事就是不能用别人的标准来权衡自己。她必须明确自己的价值观，然后自信地生活，并且善于和自己相处，消除厌恶自己的情绪。

夸大自己错误的程度和范围是讨厌自己的人经常做的事情之一，适当的自我批评是好事，有利于一个人的成长。但是演变为一种强迫性的观念时，就会使我们变得瘫痪，不能聚集力量做积极正面的事。

班上有一位女学员，她在班上说："我总是感到胆怯和自卑。别人好像都很沉着、自信。我一想到自己的缺点就感到泄气，于是就无法自如地说话了。"

每个人都有自己的缺点，但问题的关键不在

于你的缺点，而在于你有多少优点。

决定一件艺术品和一个人的最终因素不是缺点。莎士比亚的作品中充满了历史和地理的基本常识的错误，狄更斯则尽力在小说中渲染伤感的气氛。但是谁计较呢？缺点并不妨碍他们成为一流的文学大师，因为优点才是最终的决定因素。我们在交朋友的时候也会感到对方缺点的存在，但是我们喜欢和他们交往是因为我们喜欢他们身上的优点。

自我完善的实现依赖于对优点的发挥，取长补短，而不是整天惦记着自己的缺点。

对以前和当前错误的过分计较会导致一个人的罪恶感和自卑感快速滋长，不用很久，我们就不再尊重自己，习惯性地对自己痛打五十大板。所以，我们一定要让以前的事情沉到水底，然后游到水面上来重新呼吸新鲜的空气。

要学会喜欢和接受自己，首先必须挖掘自己的对缺点的包容之心。包容不代表我们要降低对自己的要求，然后躺在床上睡大觉，而是明白人无完人。对别人求全责备是不公平的，要求自己完美则是一种极端的苛求。

我认识的一个女人是个绝对的完美主义者。她要求自己做什么事情都没有疏漏。但在别人眼里，她是个失败的人。一个简单的报告她需要折腾几个小时，耽误了自己和别人的时间；一篇主题演讲她什么都要涉及和讲解，结果让听众百无聊赖。她绝不接待临时到访的客人，因为她没有任何准备。她绞尽脑汁追求完美。事实上，她的确做到了一种形式意义上的完美，但直接的代价是毁掉了生活中的理解、自然和乐趣。其实，她所追求的完美并非完美本身，她是想超越别人，因为她不想自己在优点方面和别人处在同一水平线上。她总想鹤立鸡群。所以，她做事并不是出于发挥自己已有的才能，她并不能享受工作和生活的欢乐，只是为了超过别人，让自己在高高的完美的架子上昂起头。

人无完人，强迫性的对完美的追求一旦不成功，这个人就会变得讨厌，甚至憎恨自己。

人不能时时刻刻都处在特别认真的状态中，学着喜欢自己的前提之一，就是能偶尔放慢行进的脚步欣赏自己。

马里兰州的精神病协会董事巴缔梅尔说：

“过去的人习惯在睡觉之前回想一下当天的活动，做一下反省。现在的人好像已经很少用了，实际上，这仍然是一个有用的办法。”

除非我们能与自己好好相处，否则很难期待别人会喜欢与我们在一起。哈佛斯迪克曾经观察那些不能独处的人，形容他们好像“被风吹皱的池水一样，无法反映出美丽的风景来”。

独处能使我们发现内在的休息港口，能有参照的对象，是我们与外界接触的基础。安妮·马萝林柏在其著作《来自海洋的礼物》中曾说过：“我们只有在与自己内心相沟通的时候，才能与他人沟通。对我来说，我的内心就像幽静的泉水，只有在独处时才能发现其美。”

独处能使我们更客观地透视自己的生命。《圣经》的诗篇里有一句忠言：“要安静，便可知道我就是神。”这话至今仍是忠言。独处的确对我们的灵魂十分有益处，就好像新鲜空气对我们的身体极有帮助一样。

假如我们要依赖别人才能得到快乐与满足，则无疑为他人增添负担，并影响到彼此之间的关系。要喜欢、尊重、欣赏我们自己，这不但能培养出健康成熟的个性，也能增进与他人相处的能力。

如果你想让自己远离情绪化的泥潭，请记住第四条规则：

了解并喜欢自己。

第五章

有梦想的人生更精彩

激扬的人生需要梦想的支持

不能抱着正确目标而奋斗的人，就有如玩耍得意志消沉的儿童一样，他们不知道自己所要的是什么，总是茫然地噘着嘴。

行动的本身左右着人生。确定明确的人生目标，不论是对人生，或是对任何的行动，都是至关重要的。

在生活中，有不少人缺乏明确的目标。他们就像地球仪上的蚂蚁，看起来很努力，总是不断地在爬，然而却永远找不到终点，找不到目的地。同样，在生活中没有目标，活动没有焦点，也会使你白费力气，得不到任何成就与满足。

没有目标的活动无异于梦游，没有目标的生活只不过是一种幻象。许多人把一些没有计划的活动错当成人生的方向，他们即使花费了九牛二虎之力，由于没有明确的目标，最后还是哪里都到不了。要攀到人生山峰的更高点，当然必须要有实际行动，但是首要的是找到自己的方向和目的地。如果没有明确的目标，更高处只是空中楼阁，可望而不可即。如果我们想要使生活有突破，到达很新且很有价值的目的地，首先一定要确定这些目的地是什么。只有设定了目的地，人生之旅才会有方向、有进步、有终点、有满足。

设定明确的目标，是所有成就的出发点。很多人之所以失败，就在于他们都没有设定明确的目标，并且也从来没有踏出他们的第一步。

当你研究那些已获得成功的人物时，你会发现，他们每一个人都各有一套明确的目标，都有达到目标的计划，并且花费最大的心思和付出最大的努力来实现他们的目标。

社会无疑具有强大的同化作用，使得我们许多人都背离了人生的真谛，丧失了真情和本性。但唯有我们自己真正想要的才能使我们得到满足。放弃了自身的愿望和需要，我们就变得麻木不仁，对任何事都无动于衷。

每个人都做过梦。真实的梦，睡眠中的梦，小时候在作文本上写出的梦，与朋友闲聊时做的白日梦。然而，做梦的年龄过了之后，面对现实，为什么会有惆怅或失落？当然，最理想的是“美梦成真”，虽然不是每个人都能如此，但也并非做不到。

人一旦有梦想有目标，自然就会为了实现它而发挥更大的心力，人生的光辉由此粲然可见。为什么呢？在为实现理想而奋斗的过程中，人生的乐趣昭然若揭，而生活就会更加精力充沛，此时人们的潜能也会得到发挥。经常有意识地创造出这样的情势，使人生更成功、更丰富且充满乐趣，就是所谓的目标催化作用。

1952年的《生活》杂志曾登载了约翰·戈德的故事。

戈德15岁时，偶然地听到年迈的祖母非常感慨地说：“如果我年轻时能多尝试一些事情就好了。”

戈德受到很大震动，决心自己绝不能到老了还有像老祖母一样有无法挽回的遗憾。于是，他立刻坐下来，详细地列出了自己这一生要做的事情，并称之为“约翰·戈德的梦想清单”。

他总共写下了127项详细明确的目标。里面包括了10条想要探险的河、17座要征服的高山。他甚至要走遍世界上每一个国家，还想要学开飞机、学骑马。

他甚至要读完《圣经》，读完柏拉图、亚里士多德、狄更斯、莎士比亚等十多位大学问家的经典著作。

他的梦想中还要乘坐潜艇、弹钢琴、读完《大英百科全书》。当然，还有重要的一项，他还要结婚生子。

戈德每天都要看几次这份“梦想清单”，他把整份单子牢牢记在心里，并且倒背如流。

戈德的这些目标，即使从半个多世纪后的今天来看，仍然是壮丽且不可企及的。但他究竟完成得怎么样呢？

在戈德去世的时候，他已环游世界四次，实现了127个目标中的103项。他以一生设想并且完成的目标，述说他人生的精彩和成就，并且照亮了这个世界。

每当我们读起戈德的故事，便会不由自主地想到一句话：人生因梦想而伟大。

我曾有一只名叫“花生”的混血小狗，它活泼、聪明、可爱，是我们家庭的开心果。一次，儿子提出要我和他一起为“花生”盖一间狗屋，于是，我们便立刻动手，很快就把狗屋盖好了。但是，由于手艺太差，狗屋盖得很糟糕。

狗屋盖好不久，有一位朋友来访，他忍不住问我：“树林里那个怪物是什么？难道是狗屋吗？”

我说：“没错，那正是一间狗屋。”

朋友随即指出了狗屋的一些毛病。又说：“你为什么不事先计划一下呢？如今盖狗屋都要照着蓝图来做的。”

不知你能从这个狗屋的故事中学到些什么。

没有目标的活动无异于梦游，没有目标的生活只不过是一种幻象。许多人把一些没有计划的活动错当成人生的方向，他们即使花费了九牛二虎之力，由于没有明确的目标，最后还是哪里都到不了。就像我盖的狗屋一样，只能被人视为怪物。

要攀到人生山峰的更高点，当然必须要有实际行动，但是首要的是找到自己的方向和目的地。如果我们想要使生活有所突破，到达很新且很有价值的目的地，首先一定要确定这些目的地是什么。只有设定了目的地，人生之旅才会有方向、有进步、有终点、有满足。

一位大学生经常在报纸上发表作品，他从事新闻工作的天分很高，有从事新闻事业的潜力。但是，这位大学生在毕业时却没有选择从事新闻行业。他觉得新闻工作就是报道一些琐琐碎碎的事情，因而不愿去做。可是5年后，他却不无懊悔地说："老实说，我现在的待遇也不算低，公司也有前途，工作又有保障，但是我压根儿就心不在焉，我很后悔没有一毕业就从事新闻工作。"从这位大学生的身上，你可以看出，他对于现在的工作心存不满，三五年就对自己的工作产生了厌恶情绪。他将来根本没有什么前途，除非他立刻辞职，从事新闻工作。

如果这位大学生当初在新闻行业上制订准确的目标的话，或许他早就在这方面小有成就了。

他失败的根本原因就在于：没有早日定下事业的目标。有了目标才会成功，目标是你所期望的成就与事业的真正动力。

威廉姆·马斯特恩，一位非常杰出的心理学家曾经向3 000人问过的问题："你为什么而活着？"

结果表明，有94%的人说他们没有明确的生活目标。94%啊！正像有句谚语所说的：“每个人都会死，但并非每个人都真正地活着。”马斯特恩的调查也不幸证实了这一点。许多人过着如梭罗所说的“宁静的绝望生活”。他们忍耐、等待、彷徨于生活的真谛，期望他们的人生目标在某个神灵的激发下瞬间降临。同时，他们只是在生存着，重复着生活的机械动作，他们从未感受过生命的闪光。

他们看着自己的生命之光迅速地飞逝，变得越来越恐惧，害怕他们还没有体会到任何真正的喜悦和生命的内涵，就走到了人生的尽头。

从发现目标到拥有目标，这是一个过程，整个过程并不是一夜之间就可以完成的。它需要自省和耐心——这两种品质对我们多数人来讲很难做到。唯此，就像为自己的灵魂注入了一股新的活力，安定和方向感顿时产生。

确定你自己的目标也会对你产生同样的效果！下面的练习是我自己在寻找目标时确立的步骤，您不妨一试，看看效果如何。

取出一张白纸写下“我希望给人留下什么印

象”。列出你愿意让你的朋友、配偶、孩子、合作伙伴、团体，甚至是整个世界所希望记住你的品质、行为和特征。

如果你与其他一些团体有特殊的关系的话，如教堂、俱乐部、球队等，把他们也列入表中。在列表的过程中你将渐渐地发现你自己真正的价值和生活意义的源泉。

例如，你可以这样写（如果您是一位女性）：我希望我的丈夫认为我是一个非常可爱的妻子，是永远相信他、鼓励他扩展他可能的追求、使他的生命发挥最大潜能的伴侣。我希望我的儿子认为我是深爱和相信他的母亲，我能帮助他认识到，只要他下定决心去做某事，他就能作出巨大的贡献和成就，成就自己的梦想。

写完之后再回顾自己生活中的其他人时，一个表明你最可贵价值的清晰模式便会渐渐地显现出来。相信此时你也会知道自己的目标所在了，动力也会自然产生。

确定了自己的目标后，你便会从现在手头从事的无谓的工作中解脱出来，全身心地追求自己所选择的道路。怀着从未体会到的激情和快乐向自己的人生目标不断地迈进。在这过程中你所感到的肯定是愉悦、充实和满足。

当你研究那些已获得永久成功的人物时，你会发现，他们每一个人都各有一套明确的目标，都已定出达到目标的计划，并且花费最大的心思和付出最大的努力来实现他们的目标。

美国著名的诗人弗洛斯特在第一次接触到雪莱的诗时，深受触动：

“啊！这个东西正是我所要的。”他觉得自己与雪莱的作品一见钟情，以至心心相印。他不但找到了指定的读物，还找到了图书馆中收藏的所有英国诗集。读了雪莱、济慈等人的诗集之后，越读越觉得：诗，才是他选择的目标。从此，他迈向了诗坛，有了诗作发表后，便一发不可收。

人们一般都知道，优秀的企业或组织都有10~15年的长期目标。毫无疑问，一个人也应该从这样的企业规划与发展战略中得到某种成功的启示，那就是你也应该计划10年以后的事情。如果你希望10年以后变成怎样，那么现在你就必须变成怎样。

一个心中有目标的人，会成为创造历史的人；

一个心中没有目标的人，只能是个平庸的人。

“目标绝对重要，它不但调动我们的积极性，而且维持我们的人生。”你应该今天就开始制定目标，为自己的未来而规划航向。思想家罗伯特·F·梅杰说：“如果你没有明确的目的地，你很可能就走到不想去的地方了。”因此，你应该尽一切努力去实现自己的理想，而不要走到不想去的地方。

我开的成人教育班上有一位学生，就为自己制定了一个未来年的工作与生活计划目标。从他的目标中，你可以感觉到，他已经看到未来生活的影子了。或许我们大家都可以从中受到某种启示！

“我希望有一栋乡下别墅，房屋是白色圆柱构成的两层楼建筑。四周的土地用篱笆围起来，说不定还有一两个鱼池，因为我们夫妇俩都喜欢钓鱼。房子后面还要盖个都贝尔曼式的狗屋。我还要有一条长长的、弯曲的车道，两边树木林立。

“为了使我们的房子不仅是个可以吃住的地方，我还要尽量做些有价值的事，当然绝对不会背弃我们的信仰，尽量参加教会活动。

“10年以后，我会有足够的金钱和能力供全家坐船环游世界，这一定要在孩子结婚独立以前早日实现。如果没有时间的话，我就分成四五次，做短期旅行，每年到不同的地方去游览。

“当然，这些要看我的工作是不是很成功才能决定，所以要实现这些计划，必须加倍努力才行。”

这个计划是5年以前制定的。他当时有两家小型的“一元专卖店”，现在已经有了5家；而且已经买下17英亩的土地准备盖别墅。他的确是在逐步实现它的目标。

对于你来说，你的过去或现在是什么样并不重要，你将来想要获得什么成就才是最重要的。你必须对你的未来怀有远大的理想，否则你就不会做成什么大事，说不定还会一事无成。

渴望通过自己的奋斗走向成功的人，不容回避目标定位的课题。人，确实需要一个高度，一个超越自我的高度，一个追寻真理的高度。人，应该为自己的一生确立一个高标，一个矢志以求、不达目的誓不罢休的高标。

让我们为自己寻找一个梦想，树立一个目标吧，因为——激扬的人生需要梦想的支持！

有目标的人生会更加精彩

每一个奋斗成功的人，无疑都会有一个选择方向、确定目标的问题。正如空气、阳光之于生命那样，人生须臾不能离开目标的引导。

有了目标，人们才会下定决心攻占事业高地。有了目标，深藏在内心的力量才会找到“用武之地”。若没有目标，绝不会采取真正的实际行动，自然与成功无缘。只要你选准了目标，选对了适合自己的道路，并不顾一切地走下去，终能走向成功。确立了目标并坚定地“咬住”目标的人，才是最有力量的人。目标，是一切行动的前提。事业有成，是目标的赠与。确立了有价值的目标，才能较好地布局好自己的时间和精力，较准确地寻觅突破口，找到聚光的“焦点”，专心致志地向既定方向猛打猛冲。那些目标如一的人，能抛除一切杂念，会聚积起自己的所有力量，成为工作狂，全力以赴向目标的高地挺进。

一个人只要不丧失远大的使命感，或者说还保持着较为清醒的头脑，就决然不能把人生之船长期停泊在某个温暖的港湾，而应该重新扬起风帆，驶向生活的惊涛骇浪中，领略其间的无限风光。人，不仅要战胜失败，而且还要超越胜利。只有目标始终如一，才能焕发出极大的生存活力；只有超越了生命本身，人生才可以不朽。

有目标的人，就有一股巨大的、无形的力量，将自身与事业有机地“融合”为一体。

心中拥有目标，可以给人生存的勇气，可以在艰难困苦之际赋予我们坚韧不拔的毅力。有了具体目标的人少有挫折感。因为比起伟大的目标来说，人生途中的波折就微不足道了。

目标，能唤醒人，能调动人，能塑造人，目标的伟力是难以估量的。有明确目标的人，生活必然充实有劲，决不会因无所事事而无聊。目标能使人不沉湎于现状，激励人不断进取，能引导人不断开发自身的潜能，摘取成功之冠。

有了目标，内心的力量才会找到归宿。漫无目标的漂荡终会迷路，这样，你即使拥有一座无价的金矿，却因无开采的动力，只能等同于平凡的尘土。

可以说，目标对于成功，犹如空气对于生命一样，目标是成功的生命线。对于成功来说，一个人过去或现在的情况并不重要，而未来想要获得什么成就，有什么样的追求才是最重要的。

美国著名的石油大王洛克菲勒，在他的自传中，曾提出了一个有趣的设想：若是将目前全世界所有的现金以及所有产业全都混合在一起，平均地分给全球的每一个人，让每个人所拥有的财富都一样多，经过半个小时之后，这些财富均等的人们，他们的经济状况就会开始有显著的改变。有的人在这时候已经丧失了分到的那一份，有的人会因为豪赌输光，有的人因为盲目投资而一文不名，有的人则会因为受到欺骗而迅速破产。于是财富分配又重新开始了，有些人的钱会变少，有些人的钱又开始多了起来，这种情形会随着时间的拖长而变得差别更大，经过3个月之后，所谓贫富悬殊的情况将会变得十分惊人。

洛克菲勒十分自信地说：

“我敢打赌，再经过两年时间，全球财富的分配情况就将和以前没什么区别。有钱的人仍然是那些人，而以前贫困的人依然贫困。”

洛克菲勒把这种现象的原因归结于人们的目标不同。他说：

“说这是命运也好，是机会使然或自然法则也好。总之，有些人的目标与行动，一定会使自己比其他人所受到的尊敬更多，他所拥有的财富也将会更多。”

通常，奋斗者要想成功，最重要的因素是选择目标并做出抉择。

同为有目标的人，有人成功了，有人未成功；有人大成功，有人小成功。这与目标的“大小”有很大的关系。

大目标使人的生活是干事业，小目标使人的生活仅是过日子。古希腊哲学大师亚里士多德很尖刻地区分了两种人，即“吃饭是为了活着”和“活着就是为了吃饭”。

人生的精彩来自于目标的精彩。一个人的人生之所以精彩，就在于他有精彩的目标。

所谓精彩的目标，就是要做大事，考虑更多的人，更多的事，在更大的范围内解决更多的问题，在更大的空间、时间里产生更大的影响。

你的目标越精彩，你所要解决的问题就越大，你就得有大本事，要有很多知识、技能，有时甚至要超越个人的得失，做出某些重大牺牲。在这一过程中，你逐渐获得了超乎常人的知识和能力，你已经变得那样胸怀宽广、大公无私，你也会取得超越常人的成就，你的人生也就变得更加绚丽多彩。

“Q世界”农产品公司的董事长霍华德·马古勒斯是美国加利福尼亚州的新一代农民。他的成就就是他订立了自己精彩的人生目标并且努力达到了目标。

多年来，农产品市场的繁荣与萧条几乎无法做任何的预估和控制，时而热火朝天，时而寒若冰霜。至少，所有的人都认为这本来就是靠天吃饭的行业。

马古勒斯却从来不这样想，他给自己定下了一个精彩的目标：发展出一个新颖独特的品种，用来影响消费者的购买行为。他当然有自己充足的目标：这个行业其实和其他行业没什么区别，当市场处于低谷时，除非你有自己独特的产品，否则你就完了。农业市场也是这个道理，如果你也像大家一样生产萝卜白菜，只有市场上供小于求的时候，你才可能获利。我们的目标就是要想法调整市场，靠自己的独特性打开市场，创造更多的机会。

马古勒斯想到了改良甜椒。没错，就是改良甜椒。如果能发展出比其他的甜椒风味更为独特的品种，马古勒斯深信，不论零售市场如何，商店一定非常喜欢这种风味独特的品种。

于是，马古勒斯研发出一种“皇家红椒”。这种长形叶式的甜椒，一上市就取得了巨大的成功，人们吃过以后，就会继续购买它。

马古勒斯用目标为自己的人生抹上了精彩的一笔。

当你已经养成制定精彩的个人成功计划的习惯后，你事实上就已经与你的过去判若两人了。或许，你已经制定了一个一个的成功计划，并将它们一个一个地付诸实践。这时，你不妨回过头来反省一下自己所走过的道路，你会十分惊讶地发现，即便你离所确定的远大目标还有一段距离，但是你无论怎样再也不是过去那个平平淡淡的人了，你已经取得了过去连想都不敢想的成就了。你必须明白，这便是制定精彩计划并付诸行动的威力。

目标远大会给人带来创造性的火花，使人有可能取得成就。正如约翰查普的交响乐、达曼所说：

“世人历来最敬仰的是目标远大的人，其他人无法与他们相比……贝多芬的交响乐、达·芬奇的《蒙娜丽莎的微笑》、莎士比亚的戏剧，以及人们赞同的任何人类精神产品……你热爱他们，是因为，这些东西不是做出来的，而是由他们创造性地发现的。”

对于那些奥运金牌的获得者来说，他们的成功并不仅靠他们的运动技术，而且还靠其远大目标的推动。商界领袖也一样，政界精英亦然。伟大的目标就是推动人们前进的梦想。

一位医生对活到百岁以上的老人所拥有的共同特点做过大量研究。他叫大家思考一下什么是这些百岁老人共同的特点。大多数人以为医生会列举饮食、运动、节制烟酒以及其他会影响健康的东西。然而，令听众惊讶的是，医生告诉他们，这些寿星在饮食和运动方面没有什么共同特点。他们的共同特点是对待未来的态度制定人生目标未必能使你活到宾尼所说："给我一个心给我一个心中没有目标的人，他们都有人生目标。"

制定人生目标未必能使你活到100岁，但必定能增加你成功的机会。人生倘若没有目的，你也许会一事无成。正如贸易巨子J.C.宾尼所说："给我一个心中有目标的普通职员，我能使他成为创造历史的人；给我一个心中没有目标的人，我只能给你一个平凡的职员。"

目标具有神奇的推动力，但是，当人们觉得自己的目标并不重要时，他们为达到目标所付出的努力就没有什么价值。如果他们觉得自己的目标很重要，情况就会相反。为什么人们必须把目标建立在自己的理想上面呢？这就是原因之一。如果你的各个目标组合成了你所珍视的理想，那么你会觉得为之付出的努力是有价值的。

同样，目标对于一个组织团体来说也是必不可少的，对于组织团体里的每一个成员都是很重要的。有些企业运作欠佳，最常见的问题是员工缺乏热情。这些人终日兢兢业业，除了完成手头的日常工作外，并无明确目标。没有热情的人是不会有大作为的。

相反，一些机构里的员工心中有目标的话，大家就有士气，热情高涨。目标使人们心中的想法更具体化，更易实现。同事们能明确要瞄准什么，干起活来心中有数。

奋斗者一旦有了目标，总是能主动出击，而不是亡羊补牢。他们提前谋划，而不是等别人的指示。他们不允许其他人操纵他们的工作进程。不事前谋划的人是不会有进展的。《圣经》中的诺亚并没有等到下雨才开始造他的方舟。

还是道格拉斯·列顿说得好："你决定人生追求什么之后，你就作出了人生最重大的选择。目标使人们产生事前谋划的动力，目标迫使人们把要完成的任务分解成可行的步骤。"正如富兰克林在自传中说的："我总认为一个能力很一般的人，如果有个好计划，是会有大作为，为人类作大贡献的。"

希拉尔目标给予人们把握现在的力量。人在现实中通过努力实现自己的目标。正如贝洛克所说："当你为将来做梦或者为过去而后悔时，你唯一拥有的现在却从你手中溜走了。”

虽然目标是朝着将来的，是有待将来实现的，但目标使我们能把握住现在。

为什么呢？因为大的任务是由一连串小任务或小的步骤组成的。要实现任何理想，都要制定并且达到一连串的目标。每个重大目标的实现都是几个小目标小步骤实现的结果。所以，如果你集中精力于当前手上的工作，心中明白你现在的种种努力都是为实现将来的目标铺路，那你就能成功。

要能如愿，首先要弄清你的愿望是什么。有了理想，你就看清了自己最想取得的成就是什么。有了目标，你就会有一股顺境也好逆境也罢都勇往直前的冲劲，你的目标使你能取得超越你自己能力的东西。你必须要有精彩的目标。

当你有了精彩的目标时，你才会有伟大的成就，你的人生才够精彩。

把大段的路程分割成小段

人生宛若一艘轮船，如果在大海中因失去了方向舵而在海上打转，那么它很快就会把燃料用完，仍然到达不了彼岸。事实上，它所用掉的燃料已足以使它来往于海岸及大海好几次。

一个人若是没有明确的目标以及达到这项目标的明确计划，不管他如何努力工作，都像是一艘失去方向舵的轮船。辛勤的工作和一颗善良的心，尚不足以使一个人获得成功，因为，如果一个人并未在他心中确定他所希望的明确目标，那么，他又怎能知道他已经获得了成功呢？

选择生命中一个明确的主要目标，有着心理上及经济上的两项理由。

一个人的行为总是与他意志中的最主要思想相互配合，这已是大家公认的一项心理学原则。

特意植在脑海中并维持不变的任何明确的主要目标，在下定决心要将它予以实现之际，这个目标将渗透到整个潜意识，并自动地影响到身体的外在行动以达成之。

在心理学上有一种方法，你可以利用它把你的明确的主要目标深刻印在潜意识中，这个方法就是所谓的“自我暗示”，也就是你一再向自己提出暗示。这等于是某种程序的自我催眠，但不要因为如此就对它产生恐惧。拿破仑就是借助于这个方法，使自己从出身低微的科西嘉穷人，最后成为法国的独裁君主；林肯也是借助于这同样的方法，跨越了一道宽广的鸿沟，使自己走出肯塔基山区的一栋小木屋，最后成为美国总统。

只要你能确定，你所努力追求的目标将能为你带来永久的幸福，你就用不着害怕这种“自我暗示”的方法。但一定要先弄清楚，你的明确目标是建设性的，它的获得不会给任何人带来痛苦及悲哀，它将给你带来安详及成功。然后，你就可以按照你理解的程度运用这项方法，以求迅速达到这项目标。

潜意识也许可以比作是一块磁铁，当它被赋予功用，在彻底与任何明确目标发生关系之后，它就会吸引住达成这项目标所必备的条件。

请大家先做一个实验吧：

组织两组人，分别沿着两条10公里的路向同一个村子前进。

两组的差别在于：第一组不知道村庄的名字，也不知道路程的远近，只告诉他们跟着向导走就行。而第二组的人不仅知道村子的名字、路程，而且公路上每一公里就有一块里程碑，请你来猜想一下他们完成任务的情况吧！

你大概想不到，第一组的人刚走了二三公里就有人叫苦，走了一半时有人几乎愤怒了，他们抱怨为什么要走这么远，何时才能走到。走了一半时有人甚至坐在路边不愿走了，越往后走他们的情绪越低。

而第二组的人呢，他们边走边看里程碑，每缩短一公里大家便有一小阵的快乐。行程中他们用歌声和笑声来消除疲劳，情绪一直很高涨，所以很快就到达了目的地。

这个实验对你会有一定的启迪吧！只有具体、明确并有时限的目标才具有指导行动和激励自己的价值。只有充分地了解自己在特定时限内完成的特定任务，你才会集中精力，开动脑筋，调动自己和他人的潜力，从而为实现自己的目标而奋斗。如果没有明确具体目标的时限，任何人都难免精神涣散、松松垮垮，要完成自己所制定的目标也就只是一句空话。

25岁的时候，雷因因失业而挨饿。他白天就在马路上乱走，目的只有一个，那就是躲避房东讨债。一天他在42号街碰到著名歌唱家夏里宾先生。雷因在失业前，曾经采访过他。但是，他没想到的是，夏里宾竟然一眼就认出了他。

“很忙吗？”他问雷因。

雷因含糊地回答了他，他想他看出了他的遭遇。

“我住的旅馆在103号街，跟我一同走过去好不好？”

“走过去？但是，夏里宾先生，60个路口，可不近呢。”

“胡说，”他笑着说，“只有5个街口。是的，我说的是第6号街的一家射击游艺场。”

这里有些答非所问，但雷因还是顺从地跟他走了。

“现在，”到达射击场时，夏里宾先生说，“只有11个街口了。”

不多一会儿，他们到了卡纳奇剧院。

“现在，只有5个街口就到动物园了。”

又走了12个街口，他们在夏里宾先生的旅馆停了下来。奇怪得很，雷因并不觉得怎么疲惫。

夏里宾给他解释要步行的理由：

“今天的走路，你可以常常记在心里。这是生活中的一个教训。你与你的目标无论有多遥远的距离，都不要担心，把你的精神集中在5个街口的距离。别让那遥远的未来令你烦闷。”

不要迷失自己的目标，每次只把精力集中在面前的小目标上，这样，遥不可及的目标便近在咫尺了。

著名的作家、战地记者希达·赖德先生曾用这种方法救了自己的命，听听他讲的亲身经历吧：

第二次世界大战期间，我跟几个人不得不从一架破损的运输机上跳伞逃生，结果迫降在缅印交界处的树林里。当时我们唯一能做的就是拖着沉重的步伐往印度走，全程长达140英里，必须在8月的酷热中和季风所带来的暴雨侵袭下，翻山越岭，长途跋涉。

才走了1个小时，我一只长筒靴的鞋钉就扎了脚。傍晚时双脚都起泡出血，像硬币那般大小。

我能一瘸一拐地走完140英里吗？别人的情况也差不多，甚至更糟糕。他们能不能走呢？我们以为完蛋了，但是又不能不走。为了节省体力，我们每次只走一英里，休息10分钟后，再继续下一英里的路程。我们就这样走着，有一天，我们竟然惊奇地发现我们已走出了这一段魔鬼旅程……

大海是由一滴一滴水汇集而成的；

房屋是由一砖一瓦砌成的；

大力神杯是靠赢得一场又一场的比赛才获得的。

每个重大的成就都是一系列的小成就累积而成的。

按部就班做下去是唯一的实现目标的聪明做法。有些时候，某些人从表面看来似乎是一夜成名，但是如果你仔细看看他们的历史，就知道他们的成功并不是偶然的。

据说现代马拉松比赛，每隔5公里就有一个标识牌。也就是说，一开始以5公里外的标识牌为目标，按照自己的配速跑，到了之后，再以下一个5公里外的标识牌为目标……像这样，将42.195公里的长距离区分为许多个小段，而不是一口气跑完全程。

一位奥运会长跑冠军在自传中这样说道：

每次比赛之前，我都要乘车把比赛的线路仔细地看一遍，并把沿途比较醒目的标志画下来，比如第一个标志是银行；第二个标志是一棵大树；第三个标志是一座红房子……这样一直画到赛程的终点。比赛开始后，我就以百米的速度奋力地向第一个目标冲去，等到达第一个目标后，我又以同样的速度向第二个目标冲去。40多公里的赛程，就被我分解成这么几个小目标轻松地跑完了。

这个方法也可以用到工作或是读书方面。人既然活在世上，就应该有值得努力的目标。然而，如果目标过于远大，令人觉得不太可能实现，无论是谁都不会有努力的欲望。即使好不容易勉强自己去做，我想终究还是会半途而废，因为一直无法感受到成功的滋味。

目标如果设定在可见的距离，就会使人怀抱希望，持续努力。名著《夜与雾》的作者法兰克，曾以精神分析医生的眼光，冷静观察囚禁在纳粹犹太人集中营的同胞的心理，发现其中有件很有意思的事。

有个犹太人一心想要从集中营活着出来。但是，这种希望怎么想都不太可能实现。于是，他把目标设定为“几月几日联军将会来拯救我们，在此之前，我一定要忍耐”，而延续生存的希望。结果，在他预定的联军将会到来的日子之前，无论环境多么恶劣，令人惊讶的，他都能坚强地活下去。然而，一过他预定联军会来的日期，他就急速地衰弱而死亡了。

也许我们所遭遇的没有这么极端，但同样的道理在我们的日常生活中都能发现。无论工作还是读书，只要我们觉得目标可能实现，自然就会充满干劲和希望。

相反的，如果不知道工作什么时候才能完成，就提不起继续努力的念头。

想要实现自己的目标，先把目标定为每天可以完成的目标。像马拉松的标识牌一样，区分目标，订立计划。亦即将目标分为大目标、中目标、小目标，或是称作终生目标、中期目标、近期目标。

譬如，一生的大目标是成为政治家，为人民服务。然而，这目标虽然远大，却不是一朝一夕可以实现的，必须先铺路做准备。因此，要设定中期目标。譬如，通过高考，或是就读名牌大学等等。为了达成中期目标，每天所应做的努力，就是近期目标。

《圣经·旧约》中记载：阿西德无论走到哪里，都播下苹果种子。我建议生活中的每一个人都能够向他看齐。不过，要记住，你们播的是成功的种子！无论走到哪里，都要为成功播种，然后再证实有足够的时间茁壮成长，你便有了成功的果实、成功的收获了。

当然，越快成功越好，但是不要操之过急。操之过急的人，往往会有麻烦。

你要想顺利地、轻松地实现“未来远景”，就必须一步一个脚印，制定每一个事业发展阶段的“短期目标”。这样，你就可以踏着这些台阶，拾级而上，奔向成功的目标了。

全身心地做一件事

“无论做什么，不管是学习、工作还是游戏，对每件事情都要全身心地投入。年轻人一定要记住：做事情不要三心二意，更不要见异思迁。不要当无所不能的废品。”这是一位成功商人给儿子的忠告。

实际上，这也是所有奋斗成功者的秘密。

英国政治活动家、小说家爱德华·立顿说：“有许多人看到我整日里如此忙碌，事无巨细、无不顾及，竟然还能有时间来从事学问研究，他们都免不了奇怪地问我：‘你怎么会有那么多时间来完成了这样多的著述呢？你究竟有什么分身之术，可以做完这么多工作呢？’或许我的回答会令你大吃一惊，答案就是——‘我换句话说，如果他在今天疲于奔命的话，之所以能做到这一点，是因为我从来不同时做好几件事情。’一个能从容自若地安排好工作的人肯定不会让自己过于劳累。

换句话说，如果他在今天疲于奔命的话，那么随之而来的必定是疲劳和困乏，这样的话，他明天就不得不减慢工作节奏，所以结果就是得不偿失。我认为，我真正专心致志的学习是从离开大学校园跨入社会之后开始的。到现在为止，我觉得在生活阅历和各种知识的积累方面，跟同时代的绝大多数人相比，自己毫不逊色。我游历了大量地方，所见甚广；在政界和各种各样的社会事务中，我也收获颇丰；除此之外，我在各地出版了大约60本著作，其中涉及的许多课题是需要深入研究的。你认为通常一天中我会有多少时间用来研究、阅读和写作呢？我可以告诉你，不到3个小时；在国会开会期间，可能连3个小时都没有。然而，在这3个小时之内，我却是全神贯注地投入我的工作的，心无旁骛，用心极专。”

生活中之所以有许多人最终无法实现少年时代的梦想，原因就是他们同时涉足了太多的领域，由此难免会分散精力，这就阻碍了他们的进步，使得他们最终一事无成。他们没有采取一种更明智的做法，集中心智于某一个领域，咬定青山不放松，最终成为该领域所向无敌的行家里手；相反，他们选择了在很多领域成为“三脚猫”似的人物，他们四处出击，什么东西都有所涉猎，却又都是浮光掠影，浅尝辄止，最终只懂得一点皮毛。

一个人要“有所为”必须同时要“有所不为”，严格约束自己“有所不为”的人，方能大有所为。一个人只有做到以超脱的态度对待世事的纷繁和扰动，才有可能倾其全力攻关于重点领域，在这一领域做出突破。

无论做什么事，我们都要“咬紧”一处，坚持不懈地进攻，才会有所突破，做出成就。每一位渴求成功的人，尤其是处于创业阶段的奋进者，务必要时时防范自己，不要滥铺摊子，滥用精力，不要以为到处出击才有收获，而应当像锥子那样，钻其一点，各个击破，让自己在某一方面展示出自己的特长，这样才能赢得更大的成功。那些自认为是多才多艺、精力超群的人，结果反而是看起来样样通，实际上什么都不懂，这样，别人以令人耀眼的特长立足于世，而你却难以与其匹敌，因此痛失获得成功的各种机会。

有一次，一个青年苦恼地对昆虫学家法布尔

说：“我不知疲劳地把自己的全部精力都花在我爱好的事业上，结果却收效甚微。”法布尔赞许说：“看来你是一位献身科学的有志青年。”这位青年说：“是啊！我爱科学，可我也爱文学，对音乐和美术我也感兴趣。我把时间全都用上了。”法布尔从口袋里掏出一块放大镜说：“请把你的精力集中到一个焦点上试试，就像这块凸透镜一样。”

马休斯博士说过：

那些同时有着很多目标、精力分散的人会很快地耗尽他们的精力，随着精力的耗尽，随之而来的就是原先雄心壮志的消磨。

欧文·伯克斯顿曾说过，如果一个人在生活中只追求一个目标——一个唯一的目标，那么在有生之年，他极有可能会实现自己的愿望；但是，如果他事事喜好，见异思迁，那就好像到处撒播种子，到头来只会一无所获，抱憾终生。

有一个热心肠的人，看到有人正要将一块木板钉在树上当搁板，便走过去管闲事，说要帮他一把。

他说：“你应该先把木板头子锯掉再钉上

去。”于是，他找来锯子才锯了两三下就撒手了，说要把锯子磨快些。于是他又去找锉刀。接着又发现必须先在锉刀上安一个顺手的手柄。于是，他又去灌木丛中寻找小树，可砍树又得先磨快斧头。磨快斧头需将磨石固定好，这又免不了要制作支撑磨石的木条。制作木条少不了木匠用的长凳，可这没有一套齐全的工具是不行的。于是，他到村里去找他所需要的工具，然而这一走，就再也不见他回来了。

那些对奋斗目标用心不专、左右摇摆的人，对琐碎的工作总是寻找遁词，懈怠逃避，他们注定是要失败的。

让我们吸取鲍勃的教训吧。鲍勃没受过什么教育，但他的父亲为他留下了一大笔钱。

他拿出10万美元投资办一家煤气厂，可造煤气所需的煤炭价钱昂贵，这使他大为亏本。于是，他以9万美元的售价把煤气厂转让出去，开办起煤矿来。可这又不走运，因为采矿机械的耗资大得吓人。因此，鲍勃把矿里拥有的股份变卖8万美元，转入了煤矿机器制造业。从那以后，他便像一个内行的滑冰者，在有关的各种工业部门中滑进滑出，没完没了。

几年过去了，鲍勃一事无成，10万美元也化为乌有。更可怕的是，他甚至在生活中也是这种见异思迁的态度。

他对一位姑娘一见钟情，十分坦率地向她表露了这种感情。为使自己匹配得上她，他开始在精神品德方面陶冶自己。他去一所星期日学校上了一个半月的课，但不久便自动逃遁了。两年后，当他认为问心无愧、无妨启齿求婚之日，那位姑娘早已嫁给了一个愚蠢的家伙。

不久他又如痴如醉地爱上了一位迷人的、有个妹妹的姑娘。可是，当他上姑娘家时，却喜欢上了二妹。不久又迷上了更小的妹妹，到最后一个也没谈成功。

福威尔伯克斯顿把自己的成功归因于勤奋和对某个目标持之以恒的毅力。在追求某个目标时，他从来都是全身心地投入。正是对自身奋斗目标的清楚认识和执著追求，造就了他最后的成功。正如人们所说的，持之以恒，锲而不舍，则百事可为；用心浮躁，浅尝辄止，则一事无成。

不知你是否注意到，针尖虽然几乎细不可见，剃刀或斧头的刀刃虽然薄如纸片，然而，正是它们在披荆斩棘中起着决定性的开路先锋的作用。如果没有针尖或刀刃，那么针或刀都无法发挥作用。在生活中，能够克服艰难险阻，最后顺利到达成就巅峰的人，也必是那些能够在某一领域学有所专、研有所精因而有着刀刃般锐利锋芒的人。

如果你从小教育你的孩子学习走路时要专心致志，视线集中，那么，他通常会顺利地到达目的地而不会有跌倒之虞。相反，如果他精力分散，那么大半会跌倒在地，弄得灰头土脸。“年轻人，要坚持做一件事情，”他又对一位年轻的酿酒师说，“坚持酿你的酒，你就会成为伦敦最伟大的酿酒师。但是，如果你既要酿酒，又要当银行家，又要做贸易，还要当制造商，那么你最终将无所适从、一事无成。”不要博而泛，要精而专，这是当今时代的要求。在这个社会分工越来越细，专门领域越来越精的时代，如果一个人把自己的精力分散开来，那他注定是不会成功的。

“我搬运过货物，记录过信息，制作过地毯，还写过诗”，这是伦敦一个在这些领域都表现平平的人写下的话，他让人想起了巴黎的一位科纳德先生，他是一位“小有名气的作家，懂一点会计业务，通一点植物学，还会炸薯条”。

成功与失败的最大区别不在于一个人做了多少工作，而在于他做了多少有意义的工作。在失败者当中，相当多的人所付出的努力本来足以取得显赫的成就；但是，他们的含辛茹苦就像边建设边破坏一样，最后的结果仍然是支离破碎的一堆。他们没有适应环境，把自己的工作成果转化成潜在的机会。他们也没有能够把小的失败转化为大的成功契机。他们能力不可谓不够，时间不可谓不多——这些是成功的经纬线条，但是，他们用力推来推去的却是个空无一物的纺织机，真正的生活之网上一根线都没有挂上。

如果你询问其中一个人，他的生活目标和理想是什么，他会回答你：“我还不大清楚自己到底适合做什么，但是，我确信勤奋是成功的关键，我决心一生勤勤恳恳地努力工作。我想我总会得到些什么的。”

有些人的目标用笼统的词句表达，比如说：“当一名成功的医师。”有的则比较具体，如：“要发明能有效治疗胃痛或头痛的药物。”广泛的事业目标也有用，因为它们有整体的观点，可以解放想象力，帮助我们探究所有可能的选择。但是，广泛的目标却不能使我们确定自己所要做的是什么。由于这个缘故，我们需要具体的事业目标。

每个人都有自己的事业心，并以能实现自己的理想为满足。对此，史蒂芬·柯维博士建议说："你必须先确定自己的目标，让思想为你绘制一幅最好的事业心，使它栩栩如生。然后，运用想象力使它和你形影不离，同起共坐，并且同心协力，达到前途。"

为什么要拥有一个具体的事业目标呢？

因为有了具体的理想之像，你就不再孤独和寂寞。彼此心灵相通，可以互相关心鼓励，切磋讨论，创立事业，培养品性。

事实上，在发展个人事业的过程中，具体目标与你个人是一合二、二合一，浑然一体的。所以，首先你必须充实自己的知识，丰富自己的人生经验，发展起高尚的理想和正确的人生观，从而拟定自己的理想人生。但是，只有理想，只有所谓的具体事业目标是不够的，你必须采取切实的行动。不过，潜意识已把具体的事业目标化成心像，闪动在你眼前，提醒你、督促你继续未做的工作。通过紧密的合作，直到目标变成现实。

“永远不要抱着投机的态度来学习，”沃特斯语重心长地告诫我们，“这种学习态度只能导致一无所获。首先要给自己制订一个计划，确定一个奋斗目标，然后脚踏实地地为之努力；把你所有精力和才干都用在上面，这样你就离成功不远了。我所说的投机的学习态度，是指那种由于认为所学的东西未来某个时候可能会带来好处而毫无方向地进行学习的态度。”

你大概玩过这样的游戏吧！

在夏天最炎热的某一天，把放大镜拿出放在报纸上，中间隔一小段距离。很快你就会发现，如果放大镜是移动的话，你永远也无法点燃报纸。但是，如果放大镜不动，你把焦点对准报纸，很快你就能利用太阳的威力，把报纸点燃。

化学家告诉我们，如果把一英亩草地所具有的全部能量聚集在蒸汽机的活塞杆上，那么它所产生的动力足以推动世界上所有的磨粉机和蒸汽机。但是，因为这种能量是分散存在的，所以从科学的角度来说，它基本上毫无价值可言。这也说明，能量一旦聚焦于一点，将会产生多么大的动力。

伊格·劳拉有一句名言：“一次做好一件事情的人比同时涉猎多个领域的人要好得多。”在太多的领域内都付出努力，我们就难免会分散精力，阻碍进步，最终一无所成。圣·里奥纳多在一次给一名爵士的信中谈到他的学习方法，并解释自己成功的秘密。他说：“开始学法律时，我决心吸收每一点有用的知识，并使之同化为自己的一部分。在一件事没有充分了解清楚之前，我绝不会开始学习另一件事情。”

耶鲁的教授乔治·戴维森就是靠专注才取得了成功。

乔治从小就有一个梦想，希望能像他心目中的这些英雄那样能改变世界，服务于全人类。不过，要实现他的目标，他需要受最好的教育，他知道只有在美国才能得到他需要的教育。

要命的是，他身无分文，没办法支付路费，而到美国足有1万公里的距离。而且，他根本不知要上什么学校，也不知道会被什么学校招收。

但乔治还是出发了。他必须踏上征途。他徒步从他的家乡尼亚萨兰的村庄向北穿过东非荒原到达开罗，在那儿他可以乘船到美国，开始他的大学教育。他一心只想着一定要踏上那片可以帮助他把握自己命运的土地，其他的一切都可以置之度外。

在崎岖的非洲大地上，艰难跋涉了整整5天以后，乔治仅仅前进了25英里。食物吃光了，水也快喝完了，而且他身无分文。要想继续完成后面的几千英里的路程似乎是不可能的，但乔治清楚地知道回头就是放弃，就是重新回到贫穷和无知。

他对自己发誓：不到美国我誓不罢休，除非我死了。他继续前行。

有时他与陌生人同行，但更多的时候则是孤独地步行。大多数夜晚是大地为床、星空为被。他依靠野果和其他可吃的植物维持生命。艰苦的旅途生活使他变得又瘦又弱。

由于疲惫不堪和心灰意懒，乔治几欲放弃。他曾想说："回家也许会比继续这似乎愚蠢的旅途和冒险更好一些。"

他并未回家，而是翻开了他的两本书，读着

那熟悉的语句，他又恢复了对自己和目标的信心，继续前行。

要到美国去，乔治必须具有护照和签证，但要得到护照他必须向美国政府提供确切的出生日期证明，更糟糕的是要拿到签证，他还需要证明他拥有支付他往返美国的费用。

乔治只好再次拿起纸笔给他童年时起就曾教过他的传教士们写了封求助信。

结果传教士们通过政府渠道帮助他很快拿到了护照。然而，乔治还是缺少领取签证所必须拥有的那笔航空费用。

乔治并不灰心，而是继续向开罗前进，他相信自己一定能通过某种途径得到自己需要的这笔钱。

几个月过去了，他勇敢的旅途事迹也渐渐地广为人知。关于他的传说已经在非洲大陆和华盛顿佛农山区广为流传。斯卡吉特峡谷学院的学生们在当地市民的帮助下，寄给乔治640美元，用以支付他来美国的费用。当他得知这些人的慷慨帮助后，他疲惫地跪在地上，满怀喜悦和感激。

1960年12月，经过两年多的行程，乔治终于来到了斯卡吉特峡谷学院。手持自己宝贵的两本书，他骄傲地跨进了学院高耸的大门。

乔治凭着自己的专注，终于实现了自己的目标。

从千百万个成功者身上，我们可以发现一个共同的事实，他们几乎都是从自己的兴趣、特长起步，果断执行自己的战略决策，明确自己的主攻目标，再“缩小包围圈”，向此目标步步逼近，最后终于一举成功。

把明确目标写下来，可使你更清楚地了解你所希望的是什么，它可提醒你明确目标的力量，同时暴露出目标的缺点。

如果你写不出心中所想的明确目标，则可能意味着，你对这些目标的确信程度还不够。

一旦你写出计划之后，便应每天对自己至少大声念一次，这样做不但可以加强你的执著信念，同时也可以强化你内心里的力量。

当你面临选择执行的方法时，念出写好的明确目标，可使你对目标本身有更清楚的了解，并使你仍然朝着目标前进。

当然，我们也可以利用书面计划，来确保每

一位团队成员都能为相同的目标努力。个人的能力有限，但若能以共同的明确目标为基础，集合众人的才智，并以和谐的态度迈进目标，则能成就伟大的事业。

及早规划你的职业生涯

乔治·萧伯纳说过："征服世界的将是这样一些人：开始的时候，他们试图找到梦想中的乐园。当他们无法找到的时候，他们亲手创造了它，就像在出外旅游之前你会很自然地带上地图一样。"个人职业生涯规划就是带领我们穿越迷雾，走向成功的地图，我们只有依靠它的指导，才能够顺利地到达成功的彼岸。一个职业目标与生活目标相一致的人是幸福的，职业生涯设计实质上是追求最佳职业生涯的过程。

职业生涯即事业生涯，是指一个人一生连续担负的工作职业和工作职务的发展道路。成功的职业生涯规划要求你根据自身的兴趣、特点，将自己定位在一个最能发挥自己长处的位置，可以最大限度地实现自我价值。个人职业规划要在了解自我的基础上确定适合自己的职业方向、目标并制定相应的计划，以避免就业的盲目性，降低从业失败的可能性，为个人走向职业成功提供最有效率的路径。著名管理专家诺斯威尔对职业生涯规划内涵的界定是这样的：个人结合自身情况以及眼前的制约因素，为自己实现职业目标而确定的行动方向、行动时间和行动方案。

职业规划的好处主要有三点：

第一，它可以减少许多焦虑与情绪波动（高涨与低落）。

第二，它可以使生活与工作的效率更高，更易获得成就。

第三，他可以使自己集中优势资源，避免一切干扰，使自己更容易获得成功；

那么，我们该如何才能做好自己的职业规划呢，概括起来共有五个步骤：

1.了解你自己

成功的人生需要正确规划。事实上，你今天站在哪里并不重要，但是你下一步迈向哪里却很重要。一个有效的职业生涯设计，必须在充分且正确地认识自身的条件与相关环境的基础上进行。对自我及环境的了解越透彻，越能做好职业生涯设计。因为职业生涯设计的目的不只是协助你达到和实现个人目标，更重要的也是帮助你真正了解自己。

你需要审视自己、认识自己、了解自己，并作自我评估。自我评估包括自己的兴趣、特长、性格、学识、技能、智商、情商、思维方式、思维方法、道德水准以及社会中的自我等内容。详细估量内外环境的优势与制约，设计出自己的合理且可行的职业生涯发展方向，通过对自己以往的经历及经验的分析，找出自己的专业特长与兴趣点，这是职业设计的第一步。

了解自己，我们可以采用对自己的五个追问来实现这一点，此种方法依托的是归零思考的模式：即从问自己是谁开始，然后一路问下去，共有五个问题：

我是谁？

我想做什么？

我会做什么？

环境支持或允许我做什么？

我的职业与生活规划是什么？

回答了这五个问题，找到它们的共同点，你

就可以对自己有一个清楚的了解了。如果你有兴趣，现在就可以试试。先取出五张白纸、一支铅笔、一块橡皮。

在每张纸的最上边分别写上以上五个问题。然后，静下心来，排除干扰，按照顺序，独立地仔细思考每一个问题。

对于第一个问题“我是谁”回答的要点是：面对自己，真实地写出每一个想到的答案；写完了再想想有没有遗漏，确实没有了，按重要性进行排序。

对于第二个问题“我想干什么”可将思绪回溯到孩童时代，从人生初次萌生第一个想干什么的念头开始，然后随年龄的增长，回忆自己真心向往过想干的事，并一一地记录下来，写完后再想想有无遗漏，确实没有了，就进行认真的排序。

对于第三个问题“我能干什么”则把确实证明的能力和自认为还可以开发出来的潜能都一一列出来，认为没有遗漏了，就进行认真的排序。

对第四个问题“环境支持或允许我干什么”的回答则要稍做分析：环境，有本单位、本市、本省、本国和其他国家，自小向大，只要认为自己有可能借助的环境，都应在考虑范畴之内；在这些环境中，认真想想自己可能获得什么支持和允许，搞明白后一一写下来，再以重要性排列一下。

如果能够成功回答第五个问题“我的职业规划是什么”，您就有了最后答案了。

做法是：把前四张纸和第五张纸一字排开，然后认真比较第一至第四张纸上的答案，将内容相同或相近的答案用一条横线连起来，您会得到几条连线，而不与其他连线相交又处于最上面的线，就是您最应该去做的事情，您的职业生涯就应该以此为方向。在此方向上以三年为单位，提出近期、中期与远期的目标；再在近期的目标中提出今年的目标；将今年的目标分解为每季度目标、每月目标、每周目标、每天目标。这样，您每天睡前就可以对照自己的目标进行反省，总结当日的成就与失误、经验与教训，修正明天的目标与方法，第二天醒过来后稍加温习就可以投入行动了！这样日积月累，没有不能实现的规划。

值得注意的是，很多人往往认为选择最热门的职业就意味着对自己最有前途，对此，有关专家提醒：选择职业重要的是能正确地分析自己，找到自己最适合做的专业，然后努力成为本行业的佼佼者。

2.清楚目标，明确梦想

如果你不知道你要到哪儿去，那通常你哪儿也去不了。

确立目标是制定职业生涯规划的关键，有效的职业生涯设计需要切实可行的目标，以便排除不必要的犹豫和干扰，全心致力于目标的实现。制定自己的职业目标并没有想象的那么难，只要考虑一下你希望在多少年之内达到什么目标，然后一步一步往回算就可以了。目标的设定要以自己的最佳才能、最优性格、最大兴趣、最有利的环境等信息为依据。通常目标分短期目标、中期目标、长期目标和人生目标，但是有一点，就是说你要保证这个目标至少在你本人看来是伟大的。没有切实可行的目标作驱动力，人们是很容易对现状妥协的。

3.制定行动方案

你的职业正在帮助你实现人生的最终目标吗？你是否有一种途径可以让你现有的职业与你的人

生基本目标相一致？

正如一场战役、一场足球比赛都需要确定作战方案一样，有效的职业生涯设计也需要有确实能够执行的职业生涯策划方案。这些具体的且可行性较强的行动方案会帮助你一步一步走向成功，实现目标。

通常职业生涯方向的选择需要考虑以下三个问题：

我想往哪方面发展？

我能往哪方面发展？

我可以往哪方面发展？

如果你现在是一个销售人员，但你的5年、10年或20年的个人职业规划是希望成为一个营销主管。那么，你应该问自己下列几个问题：

我需要哪些特别的培训和学习才能使我够资格做一名营销主管？

为使自己的发展路上顺畅坦荡，需要排除的内部和外部障碍有哪些？

我目前的上司在这方面能给我帮助吗？我周围的人在这方面能给我帮助吗？

在目前的公司我最终成为营销主管的可能性

有多大？是否比在其他公司机会更大？

作为某一级主管这个职位的经验水平和年龄层次是怎样的？我是否符合这个范围？

4.停止梦想，开始行动

立即行动。这是所有职业生涯设计中最艰难也是最重要的一个步骤，因为行动就意味着你要停止梦想而切实地开始行动。如果动机不转换成行动，动机终归是动机，目标也只能停留在梦想阶段。正如一场战役、一场足球比赛都需要确定作战方案一样，有效的职业生涯设计也需要有确实能够执行的职业生涯策划方案，这些具体的且可行性较强的行动方案会帮助你一步一步走向成功，实现目标。

职业规划成功的案例都是在有明确的职业目标后，在求职过程中不断与那个目标看齐。当然，并不是每一个人都具有远见，定下自己的目标，并有计划地不断朝这个方向努力的，但这一点对职业发展起着至关重要的作用。

5.修正你的计划

计划不如变化快。影响你职业生涯规划的因素诸多，有的变化因素是可以预测的，而有的变化因素难以预测。要使职业生涯规划行之有效，就须不断地对职业生涯规划进行评估，修正职业生涯目标、职业生涯策略，使方案更为恰当，以适应环境的改变，同时可以作为下轮职业生涯设计的参考依据。

成功的职业生涯设计需要时时审视内外环境的变化，并及时调整自己的前进步伐。目标的存在只是为你的前进指示一个方向。而你是它的创造者，你可以在不同时间不同环境下更改它，让它更符合你的理想。

在今天，我们的工作方式不断推陈出新，除了学习新的技能知识外，还得时时审视自己的职业生涯资本，并意识到其不足的地方，不断修正自己的目标，才能立于不败之地。

第六章

防止疲劳,永葆青春

什么使你疲劳

要衡量一天工作的质量是否已经完成指标，不是看你有多疲倦，而是看你多不疲倦。

下面是一个令人吃惊而且非常重要的事实：单单用脑不会使你疲倦。这句话听起来非常荒谬，然而科学实验却证明了这一点。

那么是什么使你疲劳呢？心理治疗家认为，我们感到的疲劳，多半是由精神和情感因素引起的，英国最有名的心理分析学家海德费在他的《权力心理学》里说：“我们感到的大部分疲劳，都是心理影响的结果。实际上，纯粹由生理引起的疲劳是很少的。”

一位美国著名的心理分析学家布列尔博士说得更详细，他说：“一个坐着的工作者，如果健康状况良好的活。他的疲劳百分之百是受心理因素也就是情感因素的影响。”

哪些因素会导致疲劳呢？当然是烦闷、懊悔、一种不受赏识的感觉以及忙乱、焦急、忧虑等。这些感情因素使人容易感冒，使工作成绩下降。我们之所以感到疲劳，是因为我们的情绪使身体紧张。

大都会人寿保险公司指出：“忧虑、紧张和情绪不安，是导致疲劳的三大原因。”

为什么在从事脑力劳动的时候，也会产生这些不必要的紧张呢？柯西林说：“几乎所有的人都相信越困难的工作就越得用力做，否则就不能做好。”所以我们一集中精力就皱起了眉头，耸着肩膀，让所有的肌肉都“用力”，实际上这对我们的思考根本没有丝毫帮助。

碰到这种精神上的疲劳，应该放松、放松、再放松。

这很容易吗？不，你要花很大力气才能把一辈子的习惯改过来。可是花这种力气是值得的。威廉·詹姆斯在那篇名为《论放松情绪》的文章里说：“美国人过度紧张、坐立不安、表情痛苦，这是一种坏习惯，地地道道的坏习惯。”紧张是一种习惯，放松也是一种习惯，而坏习惯应该消除，好习惯应该保持。

怎样才能放松呢？是先从思想上还是先从神经上开始？都不是，应该先从肌肉开始，首先您要放松眼部肌肉，然后可以用同样的方法放松您的脸部、颈部和整个身体。

但是，你全身最重要的器官，还是你的眼睛。芝加哥大学的艾德蒙·杰可布森博士说，如果你能完全放松你的眼部肌肉，你就可以忘记你所有的烦恼了。在消除神经紧张方面眼睛之所以如此重要，是因为它们消耗了全身能量的1/4。这也就是为什么很多眼力很好的人，却感到“眼部紧张”，因为他们自己使眼部紧张。

以擅长写作长篇小说闻名的女作家薇姬·贝姆曾说，他小时候遇见过一位老人，教给她一生中所学过的最重要的一课。那时候，她摔了一跤，碰破了膝盖，扭伤了手腕，有个曾在马戏团当小丑的老人把她扶起来。在帮她把身上灰尘掸干净的时候，那个老人对她说：“你之所以会碰伤，是因为你不知道怎样放松自己。你应该假装你自己软得像一双袜子，像一双穿旧了的袜子。来，我来教你怎么做。”

那个老头就教薇姬·贝姆和其他的孩子怎么样

跑，怎么样跳，怎么样翻跟头，还一直教他们说：“要把你自己想象成一双旧袜子，那你就能放松了。”

任何时候能够放松，任何地方也能够放松，只是不要花费力气去让自己放松。所谓放松，就是消除所有的紧张和力气，只想到舒适和放松。开始的时候，先想如何放松你的眼部肌肉和脸部肌肉，不停地说着：“放松……放松……放松，再放松！”要从脸部肌肉到身体中心，都能感到自己的体力。要使你自己像孩子一样，完全没有紧张的感觉。

这就是著名的女高音嘉莉·古淇所用的办法。海伦·吉卜生告诉我，他常常看见嘉莉·古淇在表演之前坐在一张椅子上，放松全身的肌肉，而且下颚松得像脱臼一样。这种做法非常不错——可以使她在登台的时候，不至于感到太紧张，也可以防止疲劳。

下面是帮你学会怎样放松的五项建议：

(1) 请看关于这方面的一本好书——大卫·哈罗·芬克博士所写的《消除神经紧张》。我还建议你看一看《为什么会疲倦？》，这本书的作者是丹尼尔·何西林。

(2) 随时放松你自己，使你的身体软得像一双旧袜子。我在工作的时候，常常在桌子上放上一双红褐色的旧袜子，提醒我应该放松到什么程度。如果你找不到一双旧袜子的话，一只猫也可以。你是否曾经抱过在太阳底下睡觉的猫呢？当你抱起它时，它的头就像打湿了的报纸一样塌下去了，印度的瑜伽术也教你，如果你想要放松，应该多去瞧瞧猫。我从来没有看过疲倦的猪猫，也没有看到过患精神分裂症、风湿病，或担忧得染上胃溃疡的猫。要是你能学猫那样放松自己，大概就能避免这些问题了。

(3) 工作时采取舒服的姿势。要记住，身体的紧张会产生肩膀的疼痛和精神上的疲劳。

(4) 每天自我检查五次，问问自己："我有没有使自己的工作变得比实际上的更繁重？我有没有使用一些和我的工作毫无关系的肌肉？"这些都有助于你养成放松的好习惯。就像大卫·哈罗·芬克博士所说的，"那些对心理学最了解的人都知道，疲倦有三分之二是习惯性的"。

(5) 每天晚上再检查一次，问问你自己：

“我到底有多疲倦？如果我感觉疲倦，这不是我过分劳心的缘故，而是因为我做事的方法不对。”

“我算算自己的成绩，”丹尼尔·柯西林说：“不是看我在一天工作结束后有多疲倦，而是看我多不疲倦。”他说：“如果哪一天过完后我感到特别疲倦，或者是我感觉自己的精神特别贫乏的时候，我会毫无问题地知道，这一天在工作的质和量上都做得不够。如果每个企业家能学会这一点，因为神经紧张引起疾病致死的比例，就会马上降低了。而且，我们的精神疗养院里，也不会再有哪些因为疲劳和忧虑导致精神崩溃的人了。”

如何多清醒一个小时

休息并不是浪费生命，它能让你在清醒的时候，做更多有效率的事。

任何一位还在学校念书的医科学生，都会告诉你，疲劳会降低身体对一般疾病的抵抗力；而任何一位心理治疗家，也会告诉你，疲劳同样会降低你对忧虑和恐惧感觉的抵抗力。所以，防止疲劳也就可以防止忧虑。

芝加哥大学实验心理学实验室的主任——雅各布森医生，他写过两本关于如何放松紧张情绪的书——《消除紧张》和《你必须放松紧张情绪》。他花很长一段时间用来主持研究放松紧张情绪方法在医学上的应用。他认为任何一种精神和情绪上的紧张状态，“在完全放松之后就不可能再存在了”。也就是说，如果你能让自己紧张的情绪得到很好的放松，就不会再忧虑了。

为什么这一点这么重要呢？因为疲劳增加的

速度快得出奇。美国陆军曾经进行过几次实验，证明即使是年轻人——经过多年军事训练而很坚强的年轻人，如果不带背包，每行军一小时，坐下来好好休息10分钟，他们行军的速度就加快许多，也能比其他军队更持久。

也许你的心脏跟军人一样强健。你的心脏每天压出来流过你全身的血液，足够装满一节火车上装油的车厢；你的心脏能完成这么多令人难以置信的工作量，可以持续50年、70年，甚至可能90年之久。这样一来，心脏怎么能承受得了呢？哈佛医院的沃尔特·加农博士解释说：“绝大多数人都认为，人的心脏不停地跳动着。事实上，在每一次收缩之后，它有一段时间是完全静止的。当心脏按正常速度每分钟跳动70次的时候，一天24小时的实际工作时间只有9小时，也就是说，心脏每天的休息时间有15个小时。”

约翰·洛克菲勒有过两次惊人的记录：他赚到了当时全世界为数最多的财富，也健健康康地活到98岁。他如何做到这两点呢？他家里的人都很长寿，这当然是最主要的原因之一。另外一个原因是，他每天中午在办公室里睡半个小时午觉。

他会躺在办公室的大沙发上——而在睡午觉的时候，即使是美国总统打来的电话他也不接。

丹尼尔博士有本名叫《为什么会疲倦》的书里说：

“休息并不是绝对什么事情不做，人的休息其实是对身体上某些损失的修补。”

别小看短短的一点休息时间，就能产生很好的修补效果，即使只打5分钟的瞌睡，也有助于你防止疲劳。

爱迪生之所以有无穷的精力和耐力，他自己认为都来自于他能随时想睡就睡的习惯。

当亨利·福特的80大寿即将到来的时候，我去访问过他。我实在猜不透他为什么看起来那样有精神，那样健康。我问他秘诀是什么？他说：“能坐下来的时候我绝不站着，能躺下的时候，我绝对不会让自己站着。”

我曾经把这一类的方法介绍给好莱坞的导演试一试，他后来告诉我说，这种方法真的能起到很大的作用。

这位导演就是杰克·切尔托克，好莱坞最著名的导演之一。几年前他来看我的时候，他是MGM

公司短片部经理，他说他常常感到劳累和精疲力竭。他试过很多种方法，喝矿泉水、吃维生素和别的补药，但对他一点帮助也没有。我建议他每天去“度假”。怎么做呢？就是当他在办公室里和手下开会的时候，躺下来使自己得到放松。

两年时间过去了，我再见到他的时候，他说：“出现了奇迹，这是我医生说的。以前每次和我手下谈短片问题的时候，我总是坐在椅子里，身体和心理都处于紧张的状态。现在每次开会的时候，我躺在办公室的长沙发上。我现在觉得比我20年来都好过多了，每天能多工作两个小时，却没怎么感觉疲劳。”

所以，保持精力充沛、防止疲劳的第一条规则就是：经常休息，在你感到疲劳以前就休息。

当费雷德里克·泰勒还在贝德汉钢铁公司做管理工程师时，就用事实证明了这种方法的正确性。他曾观察过，工人每人每天可以往货车上装大约12.5吨生铁，而通常他们中午时候就已经精疲力竭了。他把所有使工人产生疲劳的因素归纳了一下，作了一次科学性研究，认为这些工人不应该每天只装运12.5吨生铁，而应该装运47吨。照他的计算，他们应该可以做到目前成绩的4倍，而且不会疲劳，只是必须想办法证明一下。

泰勒选了施密特先生做“试验”，让他按照秒表的规定时间来工作。有一个人站在一边拿着一只秒表来指挥劳施密特：“现在拿起一块生铁，走……现在坐下来休息……现在走……现在休息。”

结果如何呢？其他人每天最多只能装运12.5吨的生铁，而施密特每天却能装运到47.5吨生铁。而当费雷德里克·泰勒在贝德汉姆钢铁公司工作的那三年里，施密特的工作量从来没有减少过，他之所以能够做到，是因为他在疲劳之前就有时间休息：每个小时他大约工作26分钟，而休息34分钟。他休息的时间要比他工作的时间多——但他的工作成绩差不多是其他工人的4倍。

如果你做打字工作，你就不能像爱迪生或是山姆·戈尔德温那样，每天在办公室里睡午觉；而如果你作为一名会计，你也不可能躺在长沙发上跟你的老板讨论账目问题。可是如果你住在一个小城市里，每天中午回去吃午饭的话，饭后就可以好好地休息10分钟。这是马歇尔将军常做的事。

在第二次世界大战期间，他觉得指挥美军部队非常忙碌，所以中午必须休息。如果你已经过了50岁，还感觉自己忙得连这一点时间都没有的话，那么赶快趁早购买人寿保险吧。

如果你根本不可能睡个午睡，至少要在吃晚饭之前躺下休息一个小时，这比喝一杯饭前酒要便宜多了。而且算起总账来，比喝一杯酒还要有效5 467倍。如果你能在下午5点、6点、或者7点钟左右睡一个小时，你就可以在自己的生活中每天使自己多清醒一个小时。为什么呢？因为晚饭前睡的那一个小时，加上夜里所睡的6个小时，共是7个小时，这对你的好处远比连续睡8个小时要多得多。

如果你从事体力劳动，休息时间多一些的话，每天就可以做更多的工作。

我们再来重复一遍：常常休息，照你自己心脏做事的办法去做——在你感到疲劳之前先休息，这样你每天精力充沛的时间，最起码就可以多一个小时。

消除疲劳、精力充沛的第一个技巧就是：

在感到疲劳前休息。

假装对工作感兴趣

烦闷，是产生疲劳的最主要原因之一。

几年前，《心理学学报》上有一篇约瑟夫·巴马克博士的报告，谈到他的一些实验，证明了烦闷会产生疲劳。巴马克博士让一大群学生做了一连串的实验，他知道那些学生对这些实验都没有什么兴趣。其结果呢？所有的学生都觉得很疲倦、打瞌睡、头痛、眼睛疲劳、很容易发脾气，甚至还有几个人觉得胃很不舒服。所有这些是否都是“想象来的”呢？不是的，这些学生做过新陈代谢的实验，经过试验，得出了这样一个结果：一个人感觉烦闷的时候，他的血压和氧化作用，实际上真的会降低。而一旦这个人觉得他的工作有趣的时候，就会使整个新陈代谢立刻加强。

如果我们手头做着一些很有趣、很令人兴奋的事，很少会感到疲倦。比方说，我最近在加拿大洛矶山脉的路易斯湖畔度假，我钓了好几天的鲑鱼。我跨过很多横倒在地上的树枝，要穿过长得比人还高的树丛，要爬过很多倒下来的老树——可是如此辛苦了8个小时之后，我却一点也没有疲倦的感觉。为什么呢？因为我非常兴奋，兴致很高，而且觉得自己很有成绩——我抓到了6条很大的鲑鱼。可是如果我觉得钓鱼是一件很烦闷的事情，那么你想我会有什么样的感觉呢？我一定会因为在海拔7 000英尺的高山上这么来来回回地劳碌奔波而感到筋疲力尽的。即使像登山这类消耗体力的运动，恐怕也没有烦闷的力量大，因为烦闷更容易让你感到疲惫。

举一个例子来说，就说住在我家附近的那位爱丽丝小姐吧。一天晚上，爱丽丝回到家里后她觉得筋疲力尽，一副疲倦不堪的样子。她确实非常疲劳，头痛，背也痛，疲倦得不想吃饭只想上床睡觉。她的母亲再三请求她吃饭，她才坐下来吃了点饭。这时电话铃响了，是她男朋友打来的，请她出去跳舞，她的眼睛马上亮了起来，精神也来了。她冲上楼，穿上她那件天蓝色的洋装，一直玩到凌晨3点多钟才回来，最后等她回到家里的时候，却一点也不疲倦，不仅这样，她还兴奋得睡不着觉呢！

在没出去玩之前，爱丽丝的外表和动作，看起来都筋疲力尽的时候，她是否真的那么疲劳呢？一点不错，她之所以觉得疲劳，是因为她觉得工作使她很烦，甚至感觉自己的生活都很烦。世界上不知道有几千、几百万人像爱丽丝这样的人，说不定你就是其中一个。

如果一个人受到了忙乱心理因素的影响，通常比肉体劳累更容易觉得疲劳，这已经是大家都知道的事实了。

S.H.金曼先生是明尼那不勒斯农工储蓄银行的总裁，他告诉过我一件事，正好可以充分地说明这个道理：1943年7月，加拿大政府要求加拿大阿尔卑斯登山俱乐部协助威尔斯军团登山训练，金曼先生就是被选来训练这些士兵的教练之一。他告诉我，他和其他教练从42～59岁不等，带着那些年轻士兵，长途跋涉过很多的冰河和雪地，再用绳索和一些很小的登山设备爬上40英尺高的悬崖。他们在加拿大落基山的小月河山谷里爬上了许多高峰，15个小时的登山活动过后，那些身体强健的年轻人早已经筋疲力尽了。

他们有疲劳的感觉，是否因为他们军事训练时，肌肉没有训练得很结实呢？当然不是，任何一个接受过严格军事训练的人对这种荒谬的问题都一定会嗤之以鼻。他们之所以会有筋疲力尽的感觉，是因为他们觉得登山很烦。他们中很多人疲倦得不等到吃晚饭就睡着了。可是那些教练们，那些年龄比士兵要大两三倍的人，他们是否有疲倦的感觉呢？不错，可是他们不会筋疲力尽。那些教练们吃过晚饭后，还坐在那里聊了几个钟头，谈他们这一天的事情。他们之所以不会疲倦到筋疲力尽的地步，就是因为他们对这些事情非常感兴趣。

爱德华·桑代克是哥伦比亚大学的博士，他在主持一些有关疲劳的实验时，用那些年轻人经常保持感兴趣的方法，使他们的清醒时间差不多达到了一个星期之久。在经过很多次调查研究之后，桑代克博士表示："烦闷是使工作效率减低的唯一真正原因。"

如果你从事脑力工作，使你疲劳的原因很少是由于你的工作过量，而是由于你的工作量不足。

下面的例子是一位有关打字小姐的故事。她

发现，假装对工作感兴趣很有意思，会使人收获很多——她过去不喜欢自己的工作，可是现在不会了。她的名字叫做维莉·戈尔登，她在信上是这样对我说整件事情的：

我所在的办公室一共有四位打字小姐，每个人都要负责替几个人打信件，每隔一段时间，我们就会因为大量的工作而忙得晕头转向。有一天，一个部门副经理坚持要我把一封长信重打一遍，这使我大为恼火。我告诉他，这封信只要改一改就可以了，没有重打一遍的必要，而他对我说，如果我不重打的话，他就会去找愿意重打的人来做。当时我简直气得快疯了，可是当我开始重新打这封信的时候，我突然发现很多人都会跳起来抓住这个机会，来做我目前正在做的这件事情。从另外一个角度来说，人家付我薪水也正是要我做这份工作，我开始感觉比以前好多了。于是，我下定决心，即使我不喜欢这份工作也要假装喜欢做。接着我有了这个重大的发现：如果我假装很喜欢自己的工作的话，我就真的能做到某种程度的喜欢，我也发现当我做我喜欢做的工作时，我的工作效率就会提高很多。所以我现在很少加班了。这种新的工作态度，使大家都认为我是一个很好的职员。后来有一位单位主管需要一位私人秘书，他就找到了我——他说我很愿意做一些额外工作而不抱怨，将会是一个再好不过的秘书。这件事情证明了心理状态转变所能产生的力量。对我来说，这是非常重要的一个发现，它为我创造了奇迹。

戈尔登小姐正是运用这种“假装”哲学，它告诉我们要“假装”自己很快乐：如果你“假装”对工作有兴趣，一点点假装便会使你的兴趣成真，可以使你很少紧张、忧虑和疲劳。

有一次，我不断地被别人打扰，一位读者给我来信我也没回，跟人家约好的事情也没有做，这里那里都是问题，那一天所有的事情都不对劲，一件事情也没做成，可是回到家里的时候却已经筋疲力尽，而且头痛得非常厉害。

到了第二天，办公室里的一切事情都进行得非常顺利。我完成的工作是头一天的40倍，可是，当我回到家里的时候，却神采奕奕，你一定有过类似的经历。

在这一点上，我们在可以学到什么呢？那就

是，我们的疲劳通常不是由于工作本身，而是由于忧虑、紧张和不快。

那么，你该怎么办呢？在这件事情上，你该怎么做呢？下面是一位打字小姐的故事——这位打字小姐在俄克拉荷马州托沙城的一个石油公司工作。她每个月有几天都得做一件你能想象到的最没意思的工作：填写一份已经印好的有关石油销售的报表，把各种统计数据填在上面。这件工作非常没有意思。她为了提高工作热情，就想出了个办法把它变成一件非常有意思的工作。她是怎样做的呢？她每天跟她自己竞赛。她点出每天早上所填的报表数量，然后尽量在下午去打破前一天的记录。结果怎样呢？她比其他打字小姐要快很多，一下子就把很多没意思的报表填完了。这样做对她有什么好处呢？没有；得到升迁了吗？没有；得到感激了吗？没有；加薪水了吗？也没有。可是她没有使自己烦闷，也没有使自己感觉疲劳，使她能保持很高的兴致，因为她尽最大的努力把一件没有意思的工作变得有意思，她就能节省下更多的体力和精力，即使在她休息的时间，她也能得到同样的快乐。

我可以保证这个故事的真实性，因为我娶了那个女孩子。

每个小时都跟你自己说一遍，你就可以指引自己去想很多勇敢而快乐的思想，也可以由此得到力量和平静。跟自己多谈值得感谢的事情，你就可以在脑子里充满向上的思想。只要你的想法正确，就能使任何工作不那么讨厌。

哈伦·霍华德作过这样一个决定，结果使他的生活完全改变。他把一个很没意思的工作变得很有意思。他的工作确实很无聊——在高中的福利社洗盘子、擦柜台、卖冰淇淋，而其他男孩则在玩球或与女孩子约会。哈伦·霍华德很不喜欢这份工作，但他却不得不做。于是他决定利用这个机会研究冰淇淋是怎么做成的，里面有些什么成分，为什么有些冰淇淋比较好吃。他研究冰淇淋的化学成分，结果他成为了那所高中的化学课程奇才。他对食品化学非常感兴趣，于是进了马萨诸塞州立大学，专门研究食物与营养。后来纽约可可交易所提供了一笔奖金，举行可可和巧克力应用征文比赛，这是一次由所有大学生参加的公开征文比赛，头等奖竟是哈伦·霍华德。

后来，他发现与之相关的工作不太好找，于是他在自己家的地下室开了一间私人实验室。不久之后，当局通过一条新法案：牛奶里面所含的细菌数目必须加以统计。于是哈伦·霍华德就开始为安荷斯城14家牛奶公司统计细菌——为了完成这项工作，他需要再请两位助手。

25年过去了，他怎样了呢？那几位从事食物化学实验工作的先生们都已经退休了，哈伦·霍华德也成为他那一行的领袖人物。而当年从他手里买过冰淇淋的一些同学，却不乏穷困潦倒、失业在家者，有的还责怪政府，说他们一直没有好机会工作。

如果哈伦·霍华德当初没有尽力把一件很没有意思的工作变得有意思的话，恐怕也没有成功的机会。

每个老板都希望自己的员工对工作感兴趣，因为那样他才能赚更多的钱，可是我们且不管老板要什么，你要想想，对自己的工作有兴趣的话，能够对你有什么好处？经常这样提醒自己，这样做可以使你从生活中得到加倍的快乐，因为你每天清醒的时间，有一半以上要花在工作上。如果你在工作上得不到快乐，在别的地方就更难找到快乐了。

时刻提醒自己，对自己的工作感兴趣，就能使你找到快乐。要不停地提醒你自己，对自己的工作感兴趣，就能使你不再忧虑，而最后可能会给你带来升迁或加薪。即使事情的结果没有你想象的那样，至少也可以把你的疲劳减低到最低程度，使自己的精力更加充沛。

消除疲劳、精力充沛的第二个技巧是：

假装对工作感兴趣。

放松你的肌肉

什么心理因素会使坐着不动的工作者受到影响，使他们疲劳呢？是快乐？是满足吗？都不是，当然不是这样！而是烦闷、懊恨，一种不受欣赏的感觉，一种无用的感觉，过于匆忙、焦急、忧虑——这些都是使那些坐着工作的人筋疲力尽的心理因素。这些因素会使人容易患感冒，减少工作成绩，而且会让你在停止工作时带着神经性的头痛。

只用大脑不会使你疲倦。这个事实是否让你很吃惊，但它却是一个非常重要的事实。

刚听起来，这句话似乎非常荒谬，可是几年前，科学家曾试图研究，人类的脑子能够连续工作多久"工作效率降低"不会产生，这是科学上对疲劳的明确定义。令科学家非常吃惊的是，他们发现流过思考的大脑细胞的血液，毫无疲劳的迹象；但如果你从一个正在工作的工人的血管里抽出血液，你就会从他的血液里发现充满了"疲劳毒素”和各种废物。但是如果你从爱因斯坦的脑部抽出一点血来，即使是在一天的终了，也不会发现任何“疲劳毒素”。

如果单单讨论大脑，那么它“在8个或者甚至12个小时之后，工作能量还像开始时一样迅速和有效率”，大脑是不会疲惫的。

那么，让你疲倦的原因是什么呢？心理专家大都认为，我们感到的疲劳，多半是由精神和情感因素所引起的。英国最著名的心理分析家哈德菲尔德在他那本《权力心理学》里说：“我们感到的疲劳绝大部分是由于心理的影响。事实上，纯粹由生理引起的疲劳很少。”美国著名的心理分析家布里尔博士说得更详细，他说：“一个坐着工作的人，如果健康状况良好的话，他的疲劳100%是受心理因素，也就是情感因素的影响。”

请你把所有正在做的事情停下来，现在就停下来，自己检讨一下：你读这几行字的时候，有没有皱着眉头？你是否觉得两眼之间有一种压力？你是否很轻松地坐在你的椅子里？还是耸起肩膀？你脸上的肌肉是紧张还是放松呢？除非你的全身放松得像一个旧的破布娃娃一样软，否则你这一刹那就是在制造神经和肌肉的紧张，你是在为自己制造疲劳。

在劳心的时候，为什么我们也会产生这些不必要的紧张呢？丹尼尔·乔斯林教授说："我发现主要原因……是几乎所有的人都相信，越是困难的工作，越需要'用力'，否则成绩就不够好。"

所以，只要我们精神一集中，就皱起了眉头，耸起了肩膀，要所有的肌肉都来"用力"。事实上，这对我们的思考没有任何帮助。

如果你有这种精神上的疲劳，应该怎么办呢？放松！放松！再放松！要学会在工作时放松一点。这很容易吗？那才不，你恐怕得把你做了一辈子的习惯都改过来。但是花这种力气并不是白费的，因为这样可以使你的生活产生革命性的变化。威廉·詹姆斯在他那篇题名《论放松情绪》的文章里说："过度紧张、坐立不安、着急以及紧张痛苦的表情——这是一种坏习惯，不折不扣的坏习惯。"放松也是一种习惯，紧张是一种习惯，而坏习惯应该消除，即使没有好习惯，也要慢慢地养成。

消除疲劳、精力充沛的第三个技巧是：

放松你的肌肉，放松，放松，再放松。

四种良好的工作习惯

让我们晕头转向的并不是工作的大劳动量，而是我们不知道自己有多少工作、该先做什么。

第一种良好的工作习惯：拿走你桌上所有的纸张，只留下和你手头事务有关的。

这样你会发现你的工作更容易处理，也更有头绪可寻。

一家新奥尔良报纸的某位发行人曾告诉我，他的秘书帮他清理了一下桌子，结果发现了一架两年来一直找不着的打字机。

如果桌子上堆满了信件、报告、备忘录之类的东西，就足以使人产生混乱、紧张和焦虑的感觉。更糟的是，它会让你觉得自己已有100万件事要做，可根本没时间做，根本做不完。这种情绪会使你忧虑得患高血压、心脏病和胃溃疡。

芝加哥与西北铁路公司的董事长罗西·威廉斯说："一个书桌上堆满了文件的人，若能把他的桌子清理一下，留下手边待处理的一些，就会发现他的工作更容易，也更实在。我把这种清理叫做料理家务，这是提高效率的第一步。”

如果你到华盛顿的国会图书馆去，就会看到天花板上漆着11个字，这是名诗人波普写的：

“秩序，是天国的第一条法则。”

宾夕法尼亚州立大学医学院的约翰·斯托克教授，在美国医药学会全国大会上宣读过一篇论文，题目叫做《生理疾病引起的心理并发症》。在这篇文章中，他在一项“病人心理状况研究”的题目下列出四种情况，第一种是：

“一种必要或不得不然的感觉，好像必须做的事情永远也做不完。”

著名的心理治疗专家威廉·山德尔博士，曾用简单的方法治愈了一位病人。

这位患者是芝加哥一家大公司的高级主管，当他初次到山德尔的诊所去的时候，非常紧张、不安，面临精神崩溃的危险。在就诊之前，他的办公室有三张大写字台，他把全部时间都投入工作堆里，可事情似乎永远干不完。当他与山德尔谈过以后，回到办公室的第一件事就是清理出一大车的报表和旧文件，只留一张写字台，事情一到就马上办完。于是，再没有堆积如山的公事威胁他，他的工作渐渐有了起色，而且身体也恢复了健康。

前美国最高法院大法官查尔斯·伊文斯·休斯说："人不会死于工作过度，却会死于浪费和忧虑。"

第二种良好的工作习惯：区分事情的重要程度来安排工作顺序。

创办遍及全美的市务公司的亨瑞·杜哈提说，不论他出多少钱的薪水，都不可能找到一个具有两种能力的人。

这两种能力是：第一，能思想。第二，能按事情的重要次序来做事。

查尔斯·卢克曼，从一个默默无闻的人，在12年内变成了培素登公司的董事长，每年10万美元的薪金，另外还有100万美元的进项。他说他的成功原因是他具有亨瑞·杜哈提所说的几乎不可能同时具备的那两种能力。卢克曼说："就我记忆所及，我每天早上五点钟起床，因为那时我的头脑要比其他时间更清醒。这样我可以比较周到地计划一天的工作，按事情的重要程度来安排做事的先后次序。”

富兰克林·白吉尔是美国最成功的保险推销员之一，他不会等到早晨五点才计划他当天的工作，他在头一天晚上就已经计划好了。他替自己订下一个目标——一天里卖掉多少保险的目标。如果没有完成，差额就加到第二天，依此类推。

如果萧伯纳没有坚持先做的事情就先做这一原则，那他一辈子就只能做银行出纳而不会成为戏剧家了。他拟定了计划，每天必须写作至少5页，他这样工作了9年。

就连漂流到荒岛上的鲁滨逊都有一个按小时制订的计划表。

当然，一个人不可能总按事情的重要程度安排计划，但按计划做事，绝对要比随心所欲去做好得多。

第三种良好的工作习惯：当你碰到问题时，如果必须做决定，就当场解决，不要拖延。

我以前的一个学生，已故的H·P·霍华告诉我，当他在美国钢铁公司担任董事的时候，开起董事会总要花很长的时间，会议要讨论很多问题，但

克服失眠的五个技巧

如果你经常没有办法入睡，那是因为你“说”得让自己得了失眠症。

如果你睡眠不好的话，那你一定很忧虑吧？然而你也许不知道，国际知名的大律师撒姆尔·安特梅尔一辈子没有好好睡过一天。

他上大学时，最难受的是两件事：气喘病和失眠症。他这两种病都很严重，几乎没办法治好。于是他决定退而求其次，失眠时不在床上翻来覆去，而是下床读书。

结果，他在班上每门功课成绩都名列前茅，成了纽约市立大学的奇才。

他当了律师以后，失眠症仍困扰着他，但他一点也不忧虑。他说：“大自然会照顾我。”

事实真的如此，他虽然每天睡眠很少，健康状况却一直良好，他的工作成绩超过了同事，因为别人睡觉的时候，他还是清醒的。

他在21岁的时候，年薪已高达75 000美元。1931年，他在一桩诉讼案中得到的酬金是历史上律师收入的最高纪录：100万美元。

但失眠症仍没办法摆脱。他晚上有一半时间用于阅读，清晨5点就起床。当大多数人刚刚开始工作的时候，他一天的工作差不多已经做完一半了。

他一直活到81岁，一辈子却难得有一天睡得很熟。但他没有为失眠而焦虑烦躁，否则他这一辈子早就毁了。

我们的一生有1/3花在睡眠上，可是没人知道睡眠究竟是怎么回事。我们只知道睡觉是一种习惯，是一种休息状态。但我们不清楚每个人需要几个小时的睡眠，更不清楚我们是不是非要睡觉不可。

也许难以令人置信，在第一次世界大战期间，一个名叫保罗·柯恩的匈牙利士兵，脑前叶被子弹打穿。伤愈后，他再也无法睡眠，而且不觉得困倦。

所有的医生都说他活不长了，但他却证明医生的话是没有道理的，他找到一份工作，健康生活了许多年。

有时他会躺下闭目养神，却从来不能进入梦乡。

他的病例是医学史上的一个谜，也推翻了我们对睡眠的许多传统看法。

睡眠时间可能因人而异。著名指挥家托斯卡尼亚每晚只睡5个小时，而柯立芝总统每天却要睡11个小时。

为失眠而忧虑所产生的损害远远超过失眠本身。我的一个学生伊拉·桑德勒，就几乎因为严重的失眠症而自杀。

下面是他的故事：

最初我睡眠很好，闹钟都吵不醒，结果每天早上上班都迟到。老板警告我：如果再睡过头，就小心丢了差事。

我的一个朋友向我建议，在睡觉时把注意力集中到闹钟上，结果那该死的滴答滴答的声音缠着我不放，让我整夜睡不着，翻来覆去，焦躁不安。

到了早晨，我几乎不能动了。就这样我一直受了两个月的折磨，我想我一定会精神失常了。

有时我会走来走去转上几个钟头，甚至想从窗口跳出去一死了之。

最后我找了一位医生。他说：“伊拉，我没有办法帮你的忙。如果每天晚上上床之后不能入睡，就对自己说：“我才不在乎睡得着睡不着，就算醒着躺一夜，那也能得到休息。’”

我照他的话去做，不到两个星期就能安稳入睡了。不到一个月，我的睡眠就恢复了8小时，精神上也没有痛苦了。

使伊拉·桑德勒受到折磨的不是失眠症，而是失眠引起的焦虑。

芝加哥大学教授山尼尔·克里特曼博士，是睡眠问题的专家。他说那些为失眠忧虑的人通常获得的睡眠比自己想象的要多得多。那些对天发誓说“昨晚眼睛都没闭一下”的人，实际上可能睡了几个钟头。

举例来说，19世纪著名的思想家斯宾赛，到老年仍是独身。他住在寄宿宿舍，整天都在谈论自己的失眠问题，弄得别人烦得要命，他甚至在耳朵里带上耳塞来抵御外面的吵闹，有时甚至靠吃鸦片来催眠。

一天晚上，他和牛津大学教授塞斯同住旅馆的一个房间，次日早晨斯宾塞说他整夜没睡着，其实塞斯才一宿没合眼，因为斯宾赛的鼾声吵了他一夜。

要想安稳地睡一觉的第一个必要条件就是要有安全感。大卫·哈罗·芬克博士曾写过一本书，叫做《消除神经紧张》，提出和自己身体交谈的方法。

他认为，语言是一切催眠法的主要关键。如果你要从失眠状态中解脱出来——你就对你身上的肌肉说："放松，一切放松。"众所周知，肌肉紧张时，你的思想和神经就不可能放松。所以，如果我们想要入睡的话，就必须从放松肌肉开始。然后，为了同样的理由，把几个小枕头垫在手臂底下，使自己的下颚、眼睛、手臂和双腿放松，我们就会在还不知道是怎么回事之前入睡了。

另外一种治疗失眠的有效方法，就是使你自己疲倦。你可以去种花，游泳、打网球、打高尔夫球、滑雪……这是名作家德莱塞的做法。他当年还是一个为生活挣扎的年轻作家时，也曾经为失眠忧虑过。于是，他到纽约中央铁路去找了一份铁路工人的工作。

在做了一天打钉和铲石子的工作之后，就疲倦得甚至于没有办法坐在那里把晚饭吃完。

假如我们十分疲倦的话，即使我们是在走路，大自然也会强迫我们入睡。

当一个人完全筋疲力尽之后，即使在打雷或战争的恐怖和危险之下，也能安然入睡。

著名的神经科医生佛斯特·甘乃迪博士告诉我说，1918年，英国第五军撤退时，他就见过筋疲力尽的士兵随地倒下，睡得就像昏过去一样。

虽然他用手撑开他们的眼皮，他们仍不会醒来。他们所有人的眼球都在眼眶里向上翻起。“从那以后，每当我睡不着的时候，就把我的眼珠翻成那个样子。

我发现，不到几秒钟，我就会开始打哈欠，睡意沉重，这是一种我没有办法控制的自动反应。”

从来没有一个人会用不睡觉来自杀。不论他有多强的控制力，大自然都会强迫一个人入睡。我们可以长久不吃东西、不喝水，却无法不睡觉。

亨利·林克博士是心理问题公司的副总裁，他曾经和很多忧虑而颓丧的人谈过。在《人的再发现》一书中的《消除恐惧与忧虑》一章里，他谈到他曾对一个一心想自杀的人说：“反正你是要自杀的，那你至少也要像个英雄——绕着这条街跑到你累死为止吧。”

他果然去试了，不只是一次，而且试了好几次。每一次都使他觉得好受一些。到了第三天晚上，林克博士终于达到他最初想要达到的目的——这个病人由于身体疲劳（在肉体上也放松了）使他能睡得很沉。后来他参加了一个体育俱乐部，参加各种运动项目，不久就想要永远活下去了。

所以，要想不被失眠困扰，不为失眠症而忧虑，请记住下面五条规则：

(1) 如果你实在无法入睡，起来工作或看书，直到你有睡意为止。

(2) 从来没有人因为缺乏睡眠而死。

(3) 使你入睡的最好办法之一就是祈祷。

(4) 保持全身放松，看一看《消除神经紧张》那本书。

(5) 使你自己的体力劳累到疲倦的程度，这也是一种很有用的方法。

请记住消除疲劳、精力充沛的第五个技巧：

运用五条规则克服失眠。

附录　人性的辉煌

林肯外传

1.奋斗的历程

林肯15岁时开始认字母，虽说非常吃力，但总算还能阅读，而至于写作的能力，根本就谈不上。

1824年的秋天，一位在森林中漂泊的阿策尔·朵西教师沿着鸽子溪来到这片垦殖地，设立私塾。林肯姐弟每天都要走4英里的森林小路，到阿策尔·朵西老师的私塾中去上课。朵西老师认为只有大声地朗读，才可以看出学生是否认真。他在教室里走来走去，若是谁不开口，就用教鞭打谁。

所以，每一位学生都尽可能念得比别人声音更大一些。朗朗的读书声在1/4英里外都可以清楚地听到。

林肯上学的时候，戴一顶松鼠皮帽子，穿着鹿皮制的马裤。马裤短得离鞋面还有相当距离，以至好几英寸发青的胫骨就裸露出来，任凭风吹雨淋。上课的小屋又矮又粗糙，老师几乎不能站直腰，教室的四面各省去一根圆木，罩上一层油纸当做窗户。地板和座位则是由圆木劈开而做成的。

当时的阅读教材以圣经章节为主，并用华盛顿和杰斐逊的笔迹作为练字的范本。林肯的字体既清晰而且和这两位总统的字体很相像，不但引得众人议论纷纷，连不识字的邻居都步行几英里路来请亚伯拉罕·林肯来帮他们写信。

林肯对于求学逐渐地热衷起来，上课的时间太短，他就把功课带到家里做。纸张又贵又稀少，因此他就用炭棒代替笔在木板上书写。由于木屋是用劈开的圆木而筑成的，他就利用圆木扁平的一面来做算术，当光秃秃的表面布满了字迹和图形之后，就用刀削去一层，又可以重新使用了。

因为家境贫寒，买不起算术书，于是就向别人借了一本，用信纸大小的纸片抄写下来，然后再用麻线把它们缝合在一起，做成一本自制的算术书。在林肯去世时，他的继母手中还留有部分这种书页。

在上学期间，他开始表现出与众不同的特质。他不但想写出自己的意见，有时候甚至还写起诗来。并且把自己“作品”拿去给他的邻居威廉·伍德请他指教。他记诵诗句，然后再背给别人听，而他写的文章更是引人注目。有一位律师对他谈论国政的文章印象很深，帮他寻求发表的机会。俄亥俄州的一份报纸就曾刊出过一篇林肯所写的关于“克己”的文章。

不过，这些事情都是后来的事情。他在学校里写的第一篇作文，是在看了伙伴们玩的游戏很残忍有感而发所写的。他和朋友们经常一起去抓甲鱼，他的朋友捉到甲鱼之后，就把燃烧的煤炭放在甲鱼的背上，以此来取乐。林肯求他们不要这样做，并且光着脚把煤炭踢开。他的第一篇文章就是为动物请命而写的。足见他自幼就显示出特殊的怜贫恤苦之心。

5年后，他以不定期上课的方式在另一所学校求学——他自称那是“一点一点学的”。他所受的正规教育也就到此结束了，总计起来上学的日子，也只不过12个月左右。直到1847年他当选国会议员时，填写自传表，在“你教育程度如何”一栏内，他的回答是“不全”两字。

他在被提名为总统候选人之后，曾说：“我在有了相当年纪时，所知并不多。不过我能读、能写、略懂算则，如此而已。此后我就没有再上学了。在如此贫乏的教育基础上，我能够达成现在这一点小成果，完全是日后在基于需要的情况下，时时自修取得的知识。”

而曾经当过林肯的老师的人，则都是一些相信地球是呈扁平状、信仰巫术的无知流浪教员。但是林肯在断断续续的求学过程中，养成了人类最珍贵的特质——甚至大学教育的目的也不过如此——对知识的热爱，对学问的渴求。

学会阅读，使得林肯见到了另一个新的神奇世界——一个他从未梦想过的世界从而改变了他的整个人生。他的视野阔大，有了梦想，而且20多年间，阅读始终是他生命中最热爱的事情之一。

他的继母为他们带来了5册藏书：《伊索寓言》、《鲁宾逊漂流记》、《圣经》、《天路历程》以及《水手辛巴达》。小林肯将它们视为无价珍宝，认真地精读。他把《圣经》和《伊索寓言》放在伸手可及的地方，反复阅读，不论他的说话方式、文风、提出的论点都深受这两本书的影响。

除了这些书之外，他渴望有更多读物，但却无力购置，只好向别人借阅书、报和其他印刷品。他沿着俄亥俄河往下走，向一位律师借阅修订版的《印第安那法典》；接着，又尝试阅读《独立宣言》和《美国宪法》。

他向一个经常请他帮忙掘树桩、种玉米的农人那里借了两三本传记，威姆斯牧师写的《华盛顿传》正是其中的一本。林肯看到此书时，很是着迷，傍晚总是尽量利用日光看到很晚。临睡时，他把书塞在圆木缝里，当第二天日光一照进小屋，就拿起来继续看。有一天晚上下起暴雨，书本被浸湿了，书的主人不肯罢休，林肯只得以割捆三天的草料来做赔偿。

在他所借的书之中，最有价值的莫过于《史考特教本》。这本书教他如何公开发言，引导他认识莎翁名剧中的精彩演说和西塞罗·狄莫西尼斯(古希腊的雄辩家)。他常常捧着《史考特教本》，在树下走来走去，朗读哈姆雷特对伶人的吩咐，复述安东尼在恺撒遗体前的演说："各位朋友，罗马同胞，乡亲们，请听我说句话：我来是要埋葬恺撒，而不是来赞美他。"

每当读到特别吸引他的段落时，如果手边没有纸张，他就用粉笔写在一块木板上。后来，他自己做了一本粗陋的剪贴簿，写下所有他喜欢的句子，随身携带，仔细研读，很多长诗和演讲词就这么背会了。

下田工作时，他就把书本带在身边，马儿躲在谷堆后面休息，他就坐在围墙顶栏上看书。中午他不与家人一同进餐，只是一手拿着玉米饼，一手捧书，两手高举过头，看得入神。

法庭开会期间，林肯就徒步走15英里的路程，到河边的城镇上去听律师的辩论。跟别人一起下田的时候，他偶尔会放下锄头或草耙，爬到围墙上复述他在布恩维尔或洛克港律师那儿听来的话。除此之外，他还模仿过顽固的浸信派牧师，星期日的时候，在小鸽溪教堂里发表演讲。

林肯把《奎恩笑话集》也带到田间。当他跨坐在圆木上朗读的时候，听众的轰然笑声响彻森林。不过，这么一来，谷物中间杂草丛生，田里的小麦也发黄了。

雇用林肯的农夫抱怨他太懒，“懒得可怕”。他坦承这种指责。他说：“家父只教我干活儿，可没教我喜欢它呀。”林肯的父亲老汤姆终于断然命令：一切蠢行必须停止。可惜命令并没有产生效用，林肯继续说笑演讲。有一天老汤姆当着众人的面，打了林肯一个耳光，把他打倒在地。林肯哭了，但他却没说什么。父子之间的隔阂从此产生了，并且终生都没有改善。林肯虽然曾在父亲晚年时资助他，可是1851年，老汤姆卧病垂危时，林肯并没有前去看望。他说：“如果我们现在碰头，恐怕不但不太愉快，反而会很痛苦。”

1830年的冬天，“牛乳症”再度蔓延，死亡的阴影笼罩了印第安纳州的鹿角山谷。喜欢搬家的老汤姆感到既害怕又灰心，慌忙处理了猪和谷物，将长满树桩的田地以80元的价格出售，造了一辆笨重的篷车，这是他拥有的第一辆车子，将家人和家具全都搬上车，吩咐林肯执皮鞭，对公牛吆喝几声，就动身前往伊利诺伊州的一处山谷了。印第安人称该地为山嘉蒙，即是“粮食丰富的土地”的意思。

公牛慢慢前进，笨重的篷车不断发出吱吱嘎嘎的声音，翻越印第安纳州的山丘，穿越密林，横渡无人居住的荒凉伊利诺草原，在夏季骄阳炙烤之下，他们在长满六尺高枯萎黄草的荒原上，足足走了两星期。抵达文生尼斯，21岁的林肯第一次见到印刷厂。一家人到达狄卡特之后，在法院广场上搭营。26年之后，林肯指着当年停放篷车的地点说：“那时候我真想不到自己会有当律师的智慧。”

林肯先生曾向我描述那次远行的经过。他说，那时路面上的冬霜白天融化，晚上冻结，走起来又慢又累人，再加上牛同行，一步踩破一块薄冰，行程更是艰辛。河上没有桥，除非绕路，否则就非涉水不可。有一天，摇摆在车后随行的小狗脱了队，直到大家都过了河，它还站在对岸，慌得乱叫乱跳，望着水流过破冰边缘，却不敢过河。此时大家都急着赶路，不愿再涉水回去，于是决定抛下它，继续向前走。林肯回忆说：“但是我连一只狗都不忍心抛弃。于是我脱下鞋袜，涉水过溪，得意洋洋地夹着发抖的牲畜赶上队伍。尽管吃足了苦头，但是小狗种种感恩的表现和快乐让我觉得很值得。”

在公牛拖着林肯一家穿过草原的同时，国会里正在激烈地辩论：州政府有没有权利退出联邦政府。其间，丹尼尔·威伯斯特从参议员席起立，用低沉嘹亮的声音发表了一篇日后被林肯视为“美国最堂皇的演说范本”。那次演说名叫“威伯斯特答海涅书”。后来，林肯将它的结尾奉为政治信仰：“自由和团结永远是一体而不可分割的！”

谁也没想到，美国的分裂问题在30多年之后才得到解决，而且也不是由才华洋溢的克雷，伟大的威伯斯特或著名的卡豪恩所达成的，而是由一个笨手笨脚、没有名气，当时正赶着牛前往伊利诺伊州的小伙子林肯，完成美国的统一大业的。而现在他正头戴树狸帽，身穿鹿皮裤子，起劲地唱着：“万岁呀！哥伦比亚，快乐的园地！你若不肯开怀畅饮，那么我可真罪过。”

2.失败是成功的起点

林肯卓越的说故事能力和源源不绝的幽默感，令人难以忘怀。如果当时他娶的是安妮·鲁勒吉的话，他很可能就会幸福一生，但他却不会当总统。他不论思想还是行动都是慢吞吞的，而安妮也不是那种会逼他拼命争取功名的女人。反之，玛丽·陶德一心想住进白宫，刚嫁给林肯没有多久，就撺掇他争取自由党的国会议员候选人的提名。

当然，竞选是非常残酷激烈的，林肯的政敌因他不属于任何一个教会，而指他为异教徒，又因为他跟高傲的陶德和爱德华家族联姻，说他是财阀和贵族的工具。这些罪名虽然可笑，但却足以给林肯的政途带来一些伤害。

他对批评者答辩道："我到春田以后，只有一个亲戚来看过我，他还未出城就被控偷窃口风琴。如果这也可以算是贵族世家的一分子，那我当之无愧。"林肯败选了，这是他政治生涯中所遇到的第一次逆流。

两年之后林肯再度出马，终于当选了。玛丽欣喜若狂，她坚信林肯的政治生命才刚刚开始。

她订购了一件新的晚礼服，并且猛练法文，等她丈夫一到华府，就立刻写信给“可敬的亚伯·林肯”，她也希望住在华盛顿。她渴望跻升社交名流之列。可是当她到东部与丈夫会合之后，才发现实情与她的期望完全不一样。林肯太穷了，在还没领到政府的第一张薪水支票之前，不得不先向史蒂芬·A·道格拉斯借钱来开销，因此林肯夫妇只得暂住在杜夫格林街史布里格太太的宿舍。宿舍门前的街道未铺石板，人行道由灰土和砂石构成，房间阴森森，也没有水管设备。后院里有一个鹅栏、一栋小屋和一个菜园，邻居们养的猪经常闯进来吃青菜，史布里格太太的小儿子时不时地拿着木棍跑出去赶牲畜。

在当时的华盛顿市政府并没有为市民收垃圾的服务，所以堆积在后巷里的废物，也就全靠满街乱跑的猪、牛、鹅来吃光，来帮助他们收垃圾。

华盛顿的社交圈相当排外，林肯太太根本不被接纳。她受到了冷落，孤零零地坐在凄冷的卧室中，与娇纵的儿子为伴，常常闹头疼。特别是在听到史布里格太太的儿子大声地把猪赶出卷心菜圃时。此情此景虽令人失望，但与当时潜伏着的政治风险相比起来，也算不了什么。

林肯进入国会的时候，美国正在与墨西哥打一场为时20个月的战争——这是一场可耻的侵略战争，由国会中主张蓄奴的人故意掀起，希望让奴隶制度推及更多的地方，选出赞成蓄奴的参议员。

美国在那场战争中得到了两项利益：原属于墨西哥的德克萨斯州割让给美国；而且夺取了墨西哥的一半领土，改设亚里桑纳州、新墨西哥州、内华达州和加利福尼亚州。格兰特曾说过这是一场历史上数一数二的邪恶战争，他不能原谅自己也参加打仗。许多的美国军人都倒戈投向了敌方；圣塔安那军中则有一营军队完全是由美国逃兵组成的军队。

和其他的自由党人一样，林肯在国会中大胆发言：他谴责总统发起一场“掠夺和谋杀的战争，抢劫和不光荣的战争”，宣布上帝已“忘了保护无辜的弱者，容许凶手、强盗和来自地狱的恶煞肆意屠杀男人、女人和小孩，使这块正义之土饱受摧残。”

林肯是一个默默无闻的议员，华府对他的演说置之不理，但是在春田镇却产生了很大的影响。

伊利诺伊州有6 000人从军，他们相信自己是为了神圣的自由而战，而现在，他们选出的代表在国会中说这些军人是地狱来的恶煞，是凶手。激动的党人公开集会，指责林肯“怯懦”“卑贱”“不顾廉耻”。

聚会时，大家一致决议，宣称他们从来没有“见过林肯做过这么丢脸的事”“对勇敢的生还者和光荣的殉国者滥施恶名只会激起每一位正直的伊利诺人的愤慨”。这股恨意郁积了十几年，直到13年之后，在林肯竞选总统时，还有人用这些话来攻击他。

林肯对合作律师说：“我等于是政治自杀。”此刻，他怕返乡面对选民，他想谋求“土地局委员”的职位留在华盛顿，但并没有获得成功。他想叫人提名他为“俄勒冈州长”，希望在该州加入联邦时，成为首任参议员，不过这件事也以失败而告终。

于是他又回到了春田镇那间脏兮兮的律师事务所，再一次将爱驹“老公鹿”套在摇摇欲坠的小马车前面，驾车巡回第八司法区。他成了全伊利诺伊州最没精打采的人，他决心放弃政治，专心投入他所从事的法律工作。

林肯为了训练自己的推理和表达能力，买了一本几何学，每次骑马出巡的时候就随身携带，以方便自己随时都可以读。荷恩敦在《林肯传》中说：

“我们住乡下小客栈时，通常都共睡一张床。床铺总是短得不能配合林肯的高度，因此他的脚就悬在床尾板外头，露出一小截胫骨。即便这样，他仍然把蜡烛放在床头的一张椅子上，连续看好几个钟头的书。和他同室的另外几个人早就熟睡了，他仍以这种姿势苦读到凌晨2点钟。每次出巡，他都这样手不释卷地研究。后来，六册欧氏几何学中的所有定理他都能轻轻松松地加以证明。”

几何学读通之后，他又开始研究代数，接着又读了天文学，后来甚至写了一篇谈语言发展的演讲稿。但是，他最感兴趣的还是莎翁的名作。在纽沙勒时杰克·基尔梭为他养成的文学嗜好现在依然保存着。

3.攀登胜利的顶峰

世人从没有听到过这样大的闹嚷声，这真是最精彩的一刻。

1860年春天，新成立的共和党在芝加哥开会，要提名总统候选人，谁也没有想到亚伯拉罕·林肯还会有机会上榜。就在不久以前，他自己还写信给一位报社编辑说："坦白说，我认为自己不适宜当总统。"

当时大家一致看好英俊的纽约客威廉·H·西华。前往芝加哥的代表，在火车上试验投票，结果西华氏所得到的票数是其他候选人加起来的两倍。许多车厢中根本没有一张票是投给亚伯拉罕·林肯的。某些代表有可能还不知道有这么一个人。

大会恰好与西华59岁生日同一天召开。他相信自己将会获得提名，并以此作为自己的生日贺礼。他信心十足地与国会参议院的同事们道别，并邀请亲密的好友到纽约奥本城的家里参加庆祝大宴，并且还租好一门礼炮，装上子弹，朝天空翘起，拖进前院，准备届时向镇民报喜讯之用。

倘若大会从星期四晚上开始投票，那门礼炮

一定会发射，美国的历史也将会被改写。可是，为了等计票所需的纸张，而那位负责发票的印刷员在前往会场途中，大概停下来喝了一杯啤酒吧。总之，他迟到了，结果星期四晚上所有在座者全都坐在那儿干等。大厅中蚊虫猖獗，又热又闷，饥渴交加的代表们决定推迟到第二天早晨的10点钟再开会。

中间耽搁的17小时，虽说时间并不是很长，但这却足以毁掉西华的前途，把林肯扶上宝座。西华的垮台主要该归咎于荷瑞斯·格里莱。此人外形古怪，浅色的头发稀稀软软，脑袋圆得像甜瓜，领带歪七扭八，领结则偏到左耳下面去了。

格里莱并不是真心拥护林肯，而且是他心存怨毒，跟威廉·H·西华和西华的经理人梭尔罗·韦德过不去。格里莱曾和他们两人并肩作战14年，他帮助西华当上纽约州的州长，又扶助他当选国会参议员，他也曾大力帮助韦德。

但是，格里莱的奋斗和苦战，除了换来冷眼以外，几乎什么都没有得到。他想当纽约市的邮政局长，韦德不肯推荐他。他想当一名州政府的印刷员，韦德把那个职位占了去。他想当州长或副州长，韦德不仅拒绝，并且还说了许多十分绝情的话。最后格里莱实在不能再忍了，就给西华写了一封长信，每一段都饱含着怨恨的恶毒字句。

这封信是1854年11月11日星期六晚上写的，此时已是1860年，格里莱苦等了6年，报复的机会终于到来了。共和党提名大会在芝加哥举行，休会的那个星期四晚上，他彻夜未眠，逐一拜访每个代表团，说之以理、动之以情，更兼威胁利诱，一直由日落跑到天亮。他主持的《纽约论坛报》销路遍及北方，比其他的报纸更具影响力。他也算是个名人，所到之处，大家都愿意静下来听他讲话。

他由多个角度提出论据，指出西华曾经一再抨击共济会：830年依靠反共济会的票源当选为州参议员，结果造成长远而广泛的不平。后来西华当纽约州州长时，赞成废掉公立小学基金，主张为外国人和天主教徒分别设立学校，结果又引起另一番熊熊的憎恨之火。格里莱指出，往日强大的“无知派”曾强烈反对西华，宁愿投票给一只猎犬，也不会投给西华。不仅如此，格里莱还指出这位“奸诈的鼓动者”一向过于躁进，曾提出

“血腥计划”，说要制定高于宪法的法规，把边境各州的人都吓坏了，他们一定会反对此人。

格里莱保证说：“我可以带边境各州的州长候选人来见你们，他们会证实我的话。”他说到做到，把群众的情绪都鼓动了起来。印第安纳州的州长和宾夕法尼亚州长候选人，握拳怒目地说他们这个州一定不会支持西华，共和党必定将会惨败。

而共和党觉得：若想胜利，一定要稳住这几州的票源。但是突然间，拥护西华的人潮开始退却。林肯的朋友们依次拜访各个代表团，劝那些反对西华的人一起来支持林肯。他们说民主党一定会提名道格拉斯，全国没有一个人比林肯更适合迎战道格拉斯，他的准备最周全，应付起来驾轻就熟，何况林肯是肯塔基人，他可以在立场不明的边境各州赢得选票。而且他也是西北方最受欢迎的候选人，他从劈木条、垦草皮奋斗起家，最了解百姓。

如果这些论点行不通时，他们就改用别的说辞。他们以答应让卡勒布·B·史密斯在内阁任职，说服了印第安纳州的代表们，又保证西米昂·卡美龙会坐在林肯的右首，因此争取到了宾夕法尼亚州的56张代表选票。

星期五早晨，投票开始了。4万人涌进芝加哥，急着等候那兴奋的一刻。1万人拥进会议厅，3万人在外面的街上徘徊，竭力想挤进里面去。第一次投票，西华领先，第二次，宾夕法尼亚州投了52票给林肯，情形逆转了。第3回，林肯势如破竹。

厅里的1万人兴奋得如痴如醉，大喊大叫，跳上椅子，将帽子往彼此头上砸。屋顶上礼炮响了，留在街上的3万人也齐声喊叫。男人互相拥抱乱舞，又哭又笑又叫。屈蒙特宾馆的100只枪炮冒烟发射，上千的铃铛也热闹地响了起来，轮船、火车头、工厂的汽笛也全都打开了，而且整天开放。

这阵兴奋持续了24小时。《芝加哥论坛报》宣称是："自从耶利哥的城墙倒塌以来，世人从未听过这么大的喧嚷声。"全城欣喜若狂，荷瑞斯·格里莱看见以前趾高气扬的梭尔罗·韦德心酸地落泪，格里莱终于报了旧仇。

此时，春田镇的情形如何呢？那天早晨，林肯与往常一样照旧到律师事务所处理案子的资料。但是，他心绪不宁，无法专心，遂将文件推开，到一家店铺后面去玩了几分钟的球，然后打一两局弹子，再到《春田日报》去听消息。

电报局就在报社的楼上，林肯正坐在一张太师椅上讨论第二次投票的成绩，电报员突然冲下来叫道："林肯先生，你获得提名了！你获得提名了！"林肯的面孔泛红，下唇微微颤抖，屏息数分钟，这真是最精彩的一刻。

经过19年凄凉的惨败，他突然被捧上令人炫目的胜利高峰。男人在街上跑来跑去，大声地互传消息。几十位老友们就围着林肯又笑又嚷，与他握手，将帽子抛到空中，兴奋狂喊。镇长下令发射100响礼炮。

林肯不得不哀求说："伙伴们，请原谅，第8街还有个小妇人等着听这个消息呢！"他飞奔而去，任凭外套的下摆在身后晃动。春田镇的街道上燃起柏油桶和木篱烧成的庆祝火焰，满镇红光，酒店通宵营业。

4.伟大的总统

1831年6月的一天，在美国的南方城市——新奥尔良的奴隶拍卖市场上，一排排黑人奴隶戴着脚镣手铐站在那里，他们都被一根根粗壮的绳子捆绑在一起。奴隶主们一个跟着一个走了过来，像买骡子买马一样仔细打量他们，有时还走上前拍拍他们的大腿，摸摸他们的胳膊，看看他们长得是否肌肉发达，身体结实，干活的时候有没有力气。奴隶主们用皮鞭毒打黑奴，还用烧红的铁条烙他们。这时，几位北方来的水手走了过来，他们都被眼前的悲惨景象惊呆了。其中一个年轻人愤怒地说："太可耻了！等一天我有了机会，一定要把这奴隶制度彻底打垮。"

说话的这人名叫亚伯拉罕·林肯，也就是后来的美国总统，真的实现了这个伟大的抱负。小时候，家里很穷，他没机会上学，每天跟着父亲在西部荒原上开垦劳动。他自己说："我一生中进学校的时间，加在一起总共不到一年。"

不管干什么，他都非常认真负责，诚恳待人。他当乡村店员时，有一次，一个顾客多付了几分钱，他为了退还这几分钱竟追赶了十几里的路。还有一次，他发现少给了顾客二两茶叶，跑了几里路把茶叶送到那人家中。所以，他每到一处，都受到周围的人们的喜爱。林肯青年时就痛恨奴隶制度，因为他当水手时，多次运货到南方，亲眼目睹了奴隶主的野蛮残暴和黑奴遭到的残酷折磨。他当了议员之后，经常发表演讲，抨击蓄奴制，在群众中有很大的影响。1854年美国的共和党成立，因为这个党主张废除奴隶制，所以，林肯就参加了，两年后他在第一次全国代表大会上被提名为副总统的候选人。他在竞选演说中说："我们为争取自由和废除奴隶制度而斗争，直到我国的宪法保证言论自由，直到整个辽阔的国土在阳光和雨露下劳动的都是自由的工人。"

1858年，林肯在参加伊利诺伊州参议员竞选时，发表了一篇题为《裂开了的房子》的演说，把南北两种制度并存的局面比喻为"一幢裂开了的房子。"他说："一幢裂开了的房子是站不住的，我相信这个政府不能永远保持半奴隶、半自由的状态。"林肯的演说语言生动、深入浅出，表达了北方资产阶级的要求，也反映了全国人民群众的愿望，因而赢得了相当大的声誉。

1860年，林肯当选为美国总统。林肯当选，对南方种植园主的利益构成了严重的威胁，当然他们不愿意一个主张废除奴隶制的人当总统。因而，为了重新夺回他们长期控制的国家领导权，他们在林肯就职之前就发动叛乱。1860年12月，南方的南卡罗来纳州首先宣布脱离联邦而独立，紧接着佛罗里达、密西西比等蓄奴州也相继脱离联邦。

1861年2月，他们宣布成立一个"美利坚邦联"，推举大种植园主杰弗逊·戴维斯为总统，还制定了宪法，宣布黑人奴隶制是南方联盟的立国基础："黑人不能和白人平等，黑人奴隶劳动是自然的、正常的状态。"

1861年4月12日，南方联盟不宣而战，迅速攻占了联邦政府军驻守的萨姆特要塞。林肯不得不宣布对南方作战。林肯本人并不主张用过激的方式废除奴隶制度，他主张以和平的方式，先限制奴隶制，然后逐步废除，最关键的是要维护联邦的统一。在这种思想的支配之下，北方政府根本没有进行战争的准备，只得仓促应战，而南方则是蓄谋已久，有优良的装备和训练有素的军队，所以，虽然北方在很多方面都占有优势，但还是被南方打得节节败退，连首都华盛顿也差一点被叛军攻占。

由于北方在战场上的失利引起了广大人民的强烈不满，所以，许多的城市爆发了示威游行，要求政府采取措施扭转战争的局面。这时林肯才意识到，要想打赢这场战争，就必须要调动农民的积极性，废除农奴制、解放黑人奴隶。

1862年5月，林肯签署了《宅地法》，规定：每个美国公民只交纳10美元登记费，便能在西部得160英亩土地，连续耕种5年之后就成为这块土地的合法主人。这一措施的实施，从根本上消除了南方奴隶主夺取西部土地的可能性，同时也满足了广大农民的迫切要求，大大激发了农民奋勇参战的积极性。

在1862年9月，林肯又亲自起草了《解放黑奴宣言》的草案。1863年1月1日正式颁布，宣布即日起废除叛乱各州的奴隶制，解放的黑奴可以应召参加联邦军队。宣布黑奴获得自由，从根本上瓦解了叛军的战斗力，也使北军得到雄厚的兵源。内战期间，直接参战的黑人达到18.6万人，他们作战非常勇敢，平均每三个黑人之中就有一人为解放事业献出了他们的宝贵生命。

这两个法令的颁布成了南北战争的转折点，

战场上的形势对北方越来越有利了。

1863年7月1~3日，双方在华盛顿以北的葛提斯堡展开了内战以来规模最大的一次战斗。双方激战了三天三夜，北军重创南军，使南军损失了3.6万人，从此北军开始进入反攻，而南军只有防守了。

同年7月4日，北军又在维克斯堡大获全胜。维克斯堡位于密西西比河上，是一个高出水面200英尺的悬崖，据守悬崖的叛军居高临下，可以用炮火直接威胁河上来往的船只。如果从下面攻打这个要塞是很困难的。早在1862年年末，格兰特就率军在海军的协助下几次攻打这个要塞，但始终都没有获得成功。

1863年4月，格兰特实施了新的进攻计划，先摧毁要塞周围的各个据点，然后包围维克斯堡。并且海军也来助战，从陆地和水上同时进攻，猛烈炮击要塞，震耳欲聋的炮声一直响了长达47天之久。7月4日，困守要塞的叛军弹尽粮绝，被迫投降，北军在这一次战斗中共俘虏2.9万叛军。

紧接着，北方军队以秋风扫落叶之势，迅猛追击叛军，1863年4月3日攻占了叛军首都里士满。

4月9日，叛军总司令罗伯特·李率残部2.8万人在阿波马托克斯小村向格兰特投降。历时四年的南北战争以北方的胜利而告终。

南北战争被称为继独立战争之后的美国第二次革命。林肯成为黑人解放的象征，但奴隶主却对他非常仇恨。1865年4月14日晚上，林肯在华盛顿的福特剧院里看戏的时候，被南方奴隶主收买的一个暴徒刺杀。林肯的不幸逝世引起了国内外的巨大震动，美国人民深切哀悼他，有700多万人伫立在道路两旁，在出殡的时候，行列致哀，有150万人瞻仰了林肯的遗容。林肯是一位杰出的政治家，为推动美国社会向前发展作出了巨大的贡献，受到美国人民的崇敬。

思想的光辉

在生活中，我们不要为贫困所困扰，不要在困难面前退缩，要把握住人生，在万籁俱寂中，静心观察自我，要懂得闲暇时吃紧，忙里偷闲，自我克制，并与万物同为一体，更不要为打翻的牛奶哭泣，要保持好的人品和良好心态。

1.热情，人格的原动力

生活就是这样，其实，热情就是你人格的原动力，如果你没有热情，即使能力再强，你的能力也没有一点用处。每个人都有超越一般能力的潜能。你虽然有知识、有坚实的判断力，也有优秀的理论思考力，但是在你未能让自己的思想和行动确实发挥功能之前，你将无法感受到自己有某些奇妙的能力。

住在俄亥俄州克利夫兰的斯诺哈克，有一天当他回到家时，看见最小的儿子狄姆在地板上跺脚，哭泣。第二天要上幼稚园的时候，突然显得厌倦而不想去。如果是平时的话，斯诺一定把他训一顿，但是这一天，斯诺哈克判断：要狄姆好好去上课，似乎是一件不可能的事情，因此他决定使用在卡耐基处所学的方法。

首先他想："如果我是狄姆，对幼稚园最期待的是什么呢？"他和妻子把幼稚园里可以让小孩子快乐的事都一一列了出来，并制成表，当然，表拟定好之后就要速战速决了。

斯诺哈克叙述道：刚一开始当我和妻子、长男三个人在餐桌上开始画图时，狄姆躲在屋子角落偷看我们，不一会儿他跑过来问："我也可以一起画吗？""不行，你必须先到幼稚园去上学。"接着我很热情地把"幼稚园的快乐表"向狄姆作了详细的说明。第二天早晨，当我到客厅时，看到狄姆已经坐在沙发上了，我问他怎么了，他说："我在等上幼稚园的时间，我不想迟到。"

就这样，一家人的热情让狄姆产生"无论遇

到什么事，我还是想上幼稚园”的心理。因为，在孩子不想上学的这种情况下，仅仅靠恐吓、商量、责骂是起不了什么作用的。

其实，成功的因素有很多，其中最重要的就是热情。在电台与助理们聚会或美国巡回演讲时，我一直都在强调这句话。在谈话中，回忆起自己的人生，感觉“热情”就是我成功的钥匙。

听过我的演讲之后，有许多人认为我并非一个雄辩家。其实，之所以我能从一开始就抓住听众的心，就是因为我内心散发出来的热情。并且这种热情，也常常被我导入授课的活动之中。看到来上课的学生有进步，我当然很高兴。在下课之后，我也会和学生们到附近的自助餐厅，跟他们一起回忆进步的过程及感想。

“热情”也可以说是一种人类的内在兴奋。英语的热情写成enthusiasm，是由两个希腊语结合而成的。en是英语的in，theos则是God的意思。所以，从字面上来看，热情的人也就是心中有神的人，而这种内在的光辉则是藏在人类内心深处的热心和精神资质之中的。

凭借热情积极参与团体的活动，可以带来幸

福与成功，尤其是在运动竞技的场合。关于伟大足球教练比斯的球场生涯，诺曼比尔在“热情——它为你带来了什么？”的小册子上写道：比斯刚来到这个城市的时候，这里的足球队都在期待着他，因为他们过去一直输球，意气很消沉。比斯来之后，眼光扫过每个人的脸，然后以稳定的口气说：“各位，不久这里将有一支很强的足球队产生，我们以后就会连续赢球了。不过，大家要仔细听着，封网的方法、跑的方法、踢球的方法。每一样都要牢记在心，而且要把对方一个也不留地全部打倒。你们一定要记住。”

比斯继续说：“那么我们要怎样做呢？各位，首先要对我全心信任，并在比赛时热情以赴。今后我要你们做到，不论对于各位的家庭、宗教或是我们的足球队，你们都必须依照我所说的注入你们的热情。”听了教练的话，队员们立即从座位上挺起胸来。

后来，队中的守门员写道：“当教练说完话时，我发觉自己的背部伸长了三公分。”那年，这个球队得到七胜，队员完全是前年失败的老成员。第二年，同样的队员又获得了第三年的世界选手权。为什么他们会创下如此的佳绩呢？这是因为他们勤奋练习，再加上对足球的热情所缔造出来的非凡成果。

“热情”对足球队的效用，在公司、教会、国家，甚至个人方面也同样都可以产生。人们在热情燃烧的时候，眼中充满光芒，态度机敏而有生机。有了这种热情，对工作和人的态度，就会有不同的表现。对人类产生强烈的热爱和关心，便是你对人类付出的热情。

如果引用纽约中央铁路公司前任负责人维里阿姆逊的话，那么就是说：“我随着年龄的增加而逐渐了解‘热情是成功的最大秘诀’。成功的人和失败的人之间，在能力上并没有太大的差异。但是把两人排在一起时，热情的人较有利，而具有能力的人未必能胜过有热情的人。”受维里阿姆逊的信条感动，我也经常把热情的重要性记载在我的小册子上，发给我所授课程的学员们。

热情，这东西并不是表面而肤浅的，热情是从人的内心深处散发出来的。只是表面的热情是不能维持很久，而持久的热情是先设定好一个前进的目标，然后向这个目标努力奋进，等到目标达成之后再设定另一个目标继续努力，即便是遇到挑战，持续的热情终究不会改变。

热情会战胜怠惰，带来成就事情的能力。纽约市有一位卡布拉姆博士，当他拼命奔波于美国癌症协会的活动却得不到世人支持的时候，颇为失望地说：

“当我每次有了新点子或新提案时，总是被‘这个方法以前已经做过，就是没效’或者‘这种提案大概没有人肯采纳吧’等回答拒绝了。有一次，我与往常一样站起来向同事说明自己的想法，但是我不再指手画脚做出夸张的动作，我以热情、诚意、认真的态度来表达我的想法。当时，我虽然没能完全将自己的心意表露无遗，但我可以感受到同事听我说话时的热心眼神。最后，我们的防癌对策活动便如火如荼地展开了。”

当我在说明热情的重要性时，有人说：“遇到一些讨厌又必须去做的事，或者不太懂又不想去知道的问题，我们要怎样做才能激起内心的热情？”

我给他们的回答是：“不管什么事，都要和克服恐惧感一样，对自己最关心的事情先加以组合，然后努力地钻研，不久你将会发现，原来事情并不是自己想象中那样没有趣味，那样的困难。”

在这个时候，我的助理接着问："要使那些学员产生5倍以上的热情，要怎样做好呢？”我说："第一，即使很勉强，你也要做出很热情的样子，这样久了，你就可以成为一个真正热情洋溢的人了。第二，要把自己组合起来的问题当成生活的一部分，尽可能地去收集资料，如此在不知不觉之中，自然也就会对问题产生了兴趣。比如我自己原来对林肯总统的事及他的书根本都不关心，但是现在我却成了这个人物的狂热支持者。华盛顿和林肯都是非常伟大的人物，但是对华盛顿我没有那么热烈支持，那是因为华盛顿的事我并不太想去了解。可见得我们大部分都只是把热情投向我们想知道的对象而已。那么到底'热情'是指什么呢？这是一种内在感情的外在表现。所以，你不如让每个人说说他们自己的内心感情，相信他们一定会说得非常好。”

激起热情的方法还有一种，就是在做任何一件事之前，先给予一两句勉励的话。这种事前的热身运动，在运动竞技上，是教练经常用来鼓励队员的，推销公司的主任对推销员及团体活动主任对团员也经常运用。并且，这种热身运动也可以用于自己本身。纽约有一位从卡耐基课程结业的女性，因为懂得付出热情，所以找到新工作。这位女性希望在秘书学校毕业后可以当医生秘书，但是她应征了好几次，院方都以她没经验拒绝了她。因此，她决定将在卡耐基课程中所学的，实地应用出来。在面试之前，她先为自己作了热身运动："我想做这份工作，肯为这份工作学习技术。我是一个既勤勉又诚实的人。我自信对这工作有能力，而且对医生而言，我真的可以成为一项有价值的资产。"在没有到达面试地点之前，她反复地在心中背诵这些话，不一会儿到达事务所之后，她充满自信地走进去，并以充满热情的口气回答所有的问题，结果被录用了。

几个月后，这个医生向她说："原本看到你的就职证明书时，我们只是形式上给你面试，并不想真正录用你，因为你没有经验，但是我被你的热情打败了，决定姑且一试。"其后她继续坚持她的热情为人服务，终于成为非常优秀的医生秘书。

南非有一位我的课程学员亚可夫马基，应用了富有热情的思考方法，终于与原来难以应付的客户缔结了买卖关系。亚可夫马基曾在契约租赁吊车公司作推销员。据他说，他的主管史密斯是一个非常无礼又不懂得谦虚的人，亚可夫马基两次提出与他见面的申请都遭到了拒绝，第三次亚可夫马基决定不管怎样要想办法见他一面，他说：

“当天史密斯也和平日一样傲气地站在自己的桌前，其他的推销员则分站在四周，史密斯的脸像番茄一样红，推销员们都在发抖，我以自己的热情想去压抑恐惧感。当史密斯说：‘下一个’时，我战战兢兢地走进屋子里。

“史密斯一见到我便大声地说道：‘怎么！又是你，到底有什么事？’我先微笑，然后把自己心里的话以充满热情的口气一言一语地说了出来：‘我想把公司的吊车租给对面的公司。’史密斯听到我的话先是一阵的愕然，但是马上又以一种奇妙的眼光注视着我，接着他说：‘你先在这儿坐一会儿等我。’一个半小时之后，史密斯再出来问我说：‘还是要谈那件事吗？’由于我选择了稳定而有力的说话方式，结果我获得了很大的收获，以后各种交易都很容易地取得了成功。”

并且，我还要特别提醒大家的一点是：热情不能和随便扰乱、随便叫喊混为一谈。我所说的热情，是指高尚的精神资质，也就是指人类内心深处的东西。也有人说这是被压抑的兴奋。倘若你的心燃烧着某种意欲，你就会有兴奋感，这种感觉如果再高涨一些，你的脸、眼睛、灵魂及人格就会闪闪发光。这时你自己会被感动，也会促使别人感动。

任何一种活动只要投入精力，自然就会产生感情上、精神上的能源。身体情况良好是产生热情的健全源泉，因此，在早晨上班之前，很多人喜欢体操、慢跑、骑脚踏车，这些运动不仅对健康有益，也可以提高工作的士气。

上过我的课程的人经常会建议自己的亲友一起参加。并且每个地区的结业生还定期聚会，报告自己经过课程培训之后所获得的收获。再者，很多我的课程学员以自己在课程中学到的热情，运用到自己的生活中，自己的人生有非常显著的变化。

加拿大消防队员达克狄里斯，也是学习我的

课程的结业生之一。他在一所学校说明防火之道时，充分表现出了他的热情。他说明了当时的情形："我穿着消防队的制服进教室，身穿防火雨衣、手拿搭钩、头戴钢盔、脚穿防火靴。首先我先简短地说明消防队为什么要穿这样的服装，准备这样的道具，其次再告诉他们不可以玩火柴的理由，接着再让小朋友们看两盘有关防火的录影带。看完带子后，我充满热情地向小朋友们说：'你们都可以成为一名名誉消防队员了。也就是说，当你家发生火灾时，你要教你兄弟姊妹、父母、叔叔、伯伯如何灭火、逃生。例如现在这儿发生了火灾，烟雾弥漫整个屋子，你该怎样做呢？你们应该四步并作一步，快速爬出教室。'结果小朋友们一阵喧哗，老师们很惊讶，而我则是大喜，因为小朋友们已经开始跑到走廊练习爬行了。"

住在洛杉矶的马斯西亚女士，说明了一位同班女士的经验。她说："这位女士已完全跟不上社会的脚步。最初要和她说话时，她还一副战战兢兢的样子，后来才知道她在结婚19年后的最近离婚了。不过，在听课之后，发现她已逐渐开始对别人有点热情。不久之后她再次结婚了，此后她对任何事也都能付出她的热情了。她与访客谈有趣的事，装饰自己的家。现在和她交往，让人觉得很快乐。”

其实，我认为我的教室辅导员最大的责任，就是如何让全班的同学产生热情，而其指导原则就是让同学们看到奇迹。别人的成功可能不太能刺激个人的热情，但是看见自己班上原本害羞型的人，变得热情有劲、生龙活虎，便能产生某种激励。

如果辅导员自己本身就欠缺热情，则学生也不会被激起热心来，因此辅导员们必须有所觉醒，上课时自始至终都要保持热情，充满热情。在我的办公桌上及家里的镜子上，贴有以下的格言，很巧的是，麦克阿瑟将军在南太平洋当盟军司令官时，也是以此格言为座右铭：

你的年轻会与你的信仰深浅成正比
你的年轻要与你的自信成反比
你的年老会与你的恐惧感成正比
你的年老要与你的疑惑成反比
你的年轻将和你的希望成正比
你的年老将和你的绝望成反比

年龄也许会让你的皮肤增加皱纹

但是放弃热情则会为你的灵魂增加皱纹

以上的格言是对“热情”最大的赞辞，如果能发挥这些特征，人类便能在自己所做的事情上添加热情与光辉。

2.增强自信，战胜恐惧

如果你想成为有勇气的人，那么你就去尝试一些至今从没有做过，但却令你胆怯的事情，而且一直做到有相当的成绩为止——这是战胜恐惧的最佳途径。

听过我讲课的人大部分都说，透过课程可以得到很多的利益，而最重要的就是自信心增加了。那么到底是如何让他们有自信的呢？那就是让班上的每一位成员，至少在众人面前发表一次谈话，借着这种自我激励的方法，来克服恐惧感而取得自信。

在平常的日子里，我也教导我的助理，如何消除学习者的恐惧心理及重新竖起他们的自信心。

因为我认为，如果能让我的学生们建立起新的人生观，每个人都能消除恐惧心理，而有自信的话，那么每个人的视野也就会跟着开阔起来。

有时候，我会发现，助理上的课对于刚到教室的新生，反而比不上毕业生的经验。因此，平常我会把刚修完课程的人请回来，向新生说明自己如何克服恐惧心理，增加自信的过程和经验。

“在日常生活中，培养一个人勇气和自信的最好方法，是让他在大众面前开口说话。因为，只借着听别人说话而从文法、音调、声色上作批评，不但没有办法消除说话者的恐惧感，反而有增加恐惧感的可能。因此，加强对方的自信和勇气，除了让他们战胜自己以外，没有其他的办法。”这是我平时对我的学生们经常强调的话。

在我纽约的教室里，有一位盲眼女士玛莉，每次都由导盲犬带到教室。玛莉最初很害怕在众人面前说话，后来助教及同学再三鼓励她，两三个星期之后，她已不再像以前那么畏惧，不敢说话了，但是她仍要求同学不要太在乎她，希望同学们视她如常人。又过了几个星期后，玛莉转到别的班级去了。这是一个全新的开始，但是她现在没有了任何的恐惧和不安，她能在大家面前发表演说。她甚至在毕业的演讲词上，说出了自己参加卡耐基课程后得到的收获，并且表示想找一份薪水较高且较有成就感的工作。她的同学听了大为感动，都热心地为她写推荐函。

我的课程的基础就是激起各教室学员学习意欲的是“勇气”。我曾在密尔瓦基举办的工商业者协会的演讲中，就提到过“勇气”这个话题，“与其留给子孙财产，不如留给他们勇气和自信。”这是当时我的观点。

当有人问我：“除了在别人面前演讲外，还有什么方法可以培养勇气？”我在电台的节目中，做了以下的回答，我说勇气是金钱所买不到的东西，真正的勇气可以用加强腕力的方法来培养。即便你是一个像亨利·福特或洛克菲勒那样有钱的人，你仍然需要一双强而有力的手腕。为了加强手腕，你需要每天用手击沙包、用手劈木块。勇气的培养也是一样，首先你必须实际锻炼，然后慢慢加强，试着去做原来害怕的事情。只要你肯行动，你就是有了勇气。刚开始从两公尺高的地方跳水时，你一定会感到很害怕，为什么呢？那是因为以前从来没有跳过，如果有勇气踏出第一步，即使刚开始跳不好，但只要你多跳几次，就会成功，这便是关键。而且你这一次跳一两公尺，下一次就会想尝试五六公尺的高度了。

如果有一个你想去访问却又觉得不好应付的人，你可能只敢在他的家或办公室门前晃来晃去。但是，只要你拿出一次勇气进入他的家或办公室，真正地面对他，也许你就不会那么恐惧了。

参与我的课程的人，对我以上的说法，也曾提出了很多篇的报告。其中有一篇是关于现任宾夕法尼亚州布里斯托市塑胶公司董事长的约翰艾姆，他作了以下的报告："我参加卡耐基课程时，还是塑胶部门的一位技术员，正在研究新的成型技术。当时公司的特定客户福特汽车或GM等大汽车公司，会定期派研究团加入我们的行列，一次大约10人，接受为期三天的研修。公司派我计划研修课程，并负责说明新成型技术的规则。我从心底不喜欢这种安排，因此很害怕这个时段的来临。我预测自己说不到三句话，研修生就会一个个打瞌睡，因此心里非常不安。后来同事劝说我去参加卡耐基课程，我立刻报了名，上过两三次课后，发现心情轻松不少。再经过两三周，我已学会了如何取悦听者或让听者随课程的节奏起伏的新方法。以前我不敢在众人面前说话，现在我敢了。并不是自己学会了说话的技巧或秘诀，最主要的是我的心中有了自信，仅此而已。还有一件最重要的事，那就是我已让自己从自我封闭的躯壳中走出。后来，我由技术员的工作换成推销员的工作，不久自己也开了家公司。"

在现实生活中，有很多妇女把丈夫当做是自己生活的重心，丈夫一旦突然去世，便顿时陷于悲愁之中，而不能独立地生活。这些人应该去参加我的课程，如果由大家给她们的鼓励，获得自信和充实感，那么，即使丈夫不在了，她们一样可以重新开始生活。

住在密歇根州的艾歇尔·罗莎，因为受到与丈夫死别的打击，考虑以旅行来纾解自己的心情，于是她游历了基督教圣地和其他的国家。罗莎对当时的事情作了以下的说明：

我在大学里曾学习公开谈话的言语表现法，但是对于在众人面前说话，仍旧感到十分恐惧，就连看幻灯片时要我说明一下精华部分，我都觉得索然无味。后来，参加了卡耐基课程，这两个问题便都得到了解决。

首先我会穿着旅行所到国家的民族衣裳。比如谈到南美时，我就穿着印第安妇女的服装，身上戴着各式各样的宝石，头上放个大篮子，接着才开始我的经验谈。偶尔我说到重点处时，连道具都得摆出来，所以听众都很惊讶。

罗莎夫人的作法很能让人接受，不久之后到处都有人邀请她演讲。除此之外，凭借着自信，她也把丈夫遗留下来的生意重新组织经营得很好。

罗莎夫人把自己的成就归功于我的课程。当她看到刚从神学院毕业的年轻牧师，没有自信而不能完全投入传教工作时，她也想推己及人，给予他们一些帮助。于是，她决定提供奖学金给年轻的牧师们去参加我的课程。和她住在同一个地区的神学院毕业生，共有28个人得到夫人的奖学金而参加了我的课程。其后，由于罗莎夫人的感染而参加我的课程的，有150人以上。其中，参与了我的课程的人，对我的说法，也提出了无数篇的报告。其中有一篇是关于南非开普敦市一位名叫摩狄茜卡的事，以下就是他们的报告：

茜卡是一位家庭主妇，她在自己和外界之间筑了一道厚厚的墙。25年来，她不曾走出自己的家门之外。家里要重新粉刷，她也没有出去参考颜色，就直接让工人粉刷。即使买东西通常是以电话叫货，如果不方便才拜托丈夫去买，总之她就是不喜欢到外面与人交谈。

有一天傍晚，丈夫说服茜卡参加我的公开集会。当时入场券可以抽奖，正当茜卡被叫了三次名字，好不容易走到领奖台时，我看见了她充满恐惧的脸。

不久茜卡就参加了我的课程。开始时，她变得神经质，上完课后回到家，当晚就睡不着。不过到第三次上课时，她的心情开始放轻松，觉得人生有了新希望。最后，她终于走出自限的狭窄世界，发觉了生命的意义。课程结束，茜卡继续当助教，并应南非广播电台之邀，以“奇迹”为题，在妇女时间里诉说自己的经验谈。

培养勇气的第一步，就是要克服恐惧。就如马卡斯·欧里斯·安东尼所说的：“我们的人生是由我们的思想逐渐积淀而成的。”我和我的助手对于勇气的培养方法，曾做过非常仔细的调查，不但大量研读了伟人传记，还访问了获得成功、攻克难关的多位名人。这些名人给我的回答，就成为了我平时用以克服困难、导向成功的方针。

我认为，如果态度是培养自信的基础，那么决定就是确立人生方法的技术。我在自己的著作、公开演讲及自己开发的课程当中，曾作过以下的叙述："如果我们想从心底改善自己，首先要养成新的习惯。我们的性格、我们的人生，只不过是我们日常生活习惯的累积。"

为了建立起新的希望，在这里我特别引用了威廉斯的四个原则，来作为培养新习惯的方法，兹分叙如下：

(1) 即使丧失所有的机会，你仍然要有新的决定。有一位朋友名叫史达林·哈特，他是一个沉默的男人。有一天晚上，当我们谈到笑容的价值时，他决定试着练习微笑。当他下了决心之后，就没有再犹豫。第二天早晨，他开始对妻子、对上班时所遇到的人，都报以微笑，就连守卫、修理电梯的人，甚至是第一次见面的人，他都以微笑待之。就这样，由于他的决意实行，现在已是我认识的人中最和蔼可亲的人了。

(2) 已经下定决心实行的事，一次也不可怠惰。当你发誓不再喝酒，却又在无心之下喝酒过量时，你不可以说："这次不算数。"威廉斯教授也说："该做的事只要偷懒一次，就会像你辛辛苦苦卷好的线球落地一样，瞬间又松落满地。"

自由作家们也认为这一点相当重要。一位叫杰克罗的作家，每天不管遇到什么事，都必定要写上一千句话才肯罢手。

(3) 刚开始做事时，把全部的热劲投入到所培养新习惯而言，没有人能超越富兰克林的。富兰克林年轻时，曾把自己创造出来的13个特长记在表上，称之为"十三德"。他每一周专攻一德，不久十三德就都学习完了。一遍结束之后，他又从头一个重新学习，如此下来，他已养成了不断练习的习惯。

我们经常在下定决心不久后，马上又把刚刚的决心忘掉。但是富兰克林不会忘记，谚语上说："打铁要趁热！"富兰克林就是以此为准则的。而且他每天持续地做，就像做游戏一样，他不允许自己的热劲儿冷却。因此，我们的第一个原则，就是要学习富兰克林的精神，也就是当你想要培养新习惯时，你必须把所有的热劲儿全部投入。

培养一种新习惯，要把它当做是在完成一件大事业一样全力投入，而且要不断地告诉自己，这个新习惯对你有怎样怎样的意义。借此，你将会更得人缘、更健康，甚至还能使你增加收入、提升自我的尊严。总之，你一定要不断地向自己强调新习惯的重要性。

（4）当你被逼得走投无路时，仍不可就此投降。当年带领军队横渡多佛海峡的英国上尉辛查杰利亚士，就是最好的证明。他在横越海峡后，放火烧船，然后把军队集合在多佛海峡的岸边，要士兵们从崖上眺望正在燃烧的船只。他对军队说："现在我们没有船了，只有正视着我们的敌人，待会儿我们就要去征服这个国家。"

我们在培养新习惯的时候，也要学习这则故事中置之死地而后生的决心。以上四种方法受到许多听众的喝彩和好评，因为它适用于人际关系的改善，可以增加自信心，对人生的体验也有非常大的激励作用。

我训练的入门课程，首先就是要在培养自信心上下工夫。最后有一个"同乐会"的课程，就是要每位学员站出来说话让别人来评分，借着各自的声音和动作，勇敢地面对他人的调侃、奚落，如此很快就能稳固自信心。

参加过我的课程的人，并不是每一个人都充满勇气，所以必须不断地给予他们鼓励，每一次听课就会增加一次自信心，这个自信心来自助教的讲评和表彰、同学们的喝彩，以及休息时间与助教的闲谈。

北卡罗来纳州，有一位叫比琪的妇人，在接受了我的课程训练之后，现在当她受到不平的待遇时，已能马上到上司那儿为自己争取权利。在班上她作了以下的报告：

“三年前，每当接受上司直接的勤务评定时，我总是遵循着业务上的一贯目标。不过，我仍立志要当一个资料分析专家，参加了各种课程及研究小组，想把所有部门的工作都学会。因为，我认为公司如果需要再招考资料分析专家时，最后总有让自己出头的机会。

“但是事实上并不是自己所想象的那样，公司的候选分析专家是向外招考，而且来面谈的都是大学毕业的男士。我开始有点犹豫，但还是到上司那儿询问，为什么没有把我列入候选者的考虑范围之内。上司的回答是这部门的分析家必须是能力很强的人物，也就是必须是可以为这部门带来改革力量的人物。对于上司把我拒绝于候选人之外的理由我无法接受，我怒不可遏。

我越想越咽不下这口气，我为了让自己有资格担当这份工作，是那么的努力，而且竟然连资料部主任也以同样的理由来拒绝我。我最后决定直接找总经理谈。见了总经理，我把事情的原委说一遍，并告诉他自己受到的不平待遇。

“我虽然不是大学毕业，但是工作本身并不是一定要以学位为条件，何况其他的资料分析家也不是人人都是大学毕业生。我对事情是那么认真，而且一直朝这个目标前进，凭着我的实力和经历，难道还怕比不上其他的候选人不成？”我这样向总经理说明。总经理听了后，答应向我的上司要求给予我面试的机会。

“第二天早晨，我的上司把我叫到办公室。他非常生气我直接向总经理提出控诉。后来，我被训了一顿。不过，我坚信自己做的并没有什么错，因此我很平静。如果总经理也和他同一鼻孔出气，我想他就不会生这么大的气了。

“本来我以为自己能取得这个职位，但是很遗憾的，公司还有其他的问题存在，所以最后决定取消这项招考。不过我内心舒坦多了，因为当初我并没有自信，自己能承担这么大的困难，后来上司的怒气也消了，反而以敬重的眼光对我另眼看待，今后如果还有类似的机会，我想上司一定会给我。”

德克萨斯州休士顿的麦克夫人说：“刚搬到休士顿来时，我一个朋友也没有，而我自己又没有勇气出去和别人认识，因此感到很寂寞。后来赐给我勇气的是卡耐基课程，它让我交了很多的朋友。现在到我这里要求帮助的人也越来越多，两三年前我真的没想到会有现在的收获。”

培养自信的方法，是必须把我所教的五门课程当做是连贯的一条线，特别是推销课程是最不可缺少的。如果推销员对自己没有信心的话，又如何去说服别人去买东西呢？这等于是一门推销员与顾客之间关系的课程。

维吉尼亚州的一家可乐公司的社长诺曼辛斯基，让大批的社员接受“和顾客的关系”课程的进修。他说：这个课程给我的社员们自信和表达自己意见的能力，学员里很多是输送部门的卡车司机，他们虽没有受过高等教育，但由于有了自信，工作做得比以前更好了。更要感谢的是，我们企业阶级的层次也提高很多。

社员们有了自信，经营干部也比以前更具有信心了，而且更乐意提出意见，凡是对公司全体有利的建议，他们都乐于向经营者反映。

雷蒙德巴里在美国足球队里，是接球的世界纪录保持者，不过当他还是“老虎队”的成员之一的时候，曾接受我的“培养人才”的课程。修完我的这个课程之后，巴里对助教说：“这个课程让我发挥了调温装置的功能。怎么说呢？接受这课程后，不管发生什么事，我都能自由控制了。”这正是更具自信的典型。

3.用正确的思考方法提高工作效率

正确的思考方法可以提高你对工作的兴趣。你得为自己本身的问题好好想想，如果你把一半的时间花在工作上，而仍不减其兴趣，那么你人生的幸福也许可以增加两倍。但是，当你在工作上找不到幸福时，很可能在其他地方也找不到幸福了。所以你必须记住，当你觉得工作很有趣时，你的烦恼便能一扫而空，至少你的疲倦感也能降至最低，而得以陶醉其中。

经营的基本要务在于顺利地调整人际关系，有一个特别的小组织称为“卡耐基经营讨论会”，就是采纳我的人际关系理念，来开发经营能力的讨论会。这个课程是我的所有教室的干部和合伙人策划的程序表，对经营能力的提高有很好的效果。在1967年，逐渐有很多人加入经营讨论会的阵营之中。之后，美国、加拿大、日本、德国、法国、瑞士、西班牙、澳洲、阿根廷、英国、新西兰、丹麦等国家，也相继有4万人参加。

波音航空公司有一个有名的小型飞机制造厂，1972年6月20日，该公司已有23名重要的工作人员修完“卡耐基经营讨论会”的最后课程。那一年，有个台风侵袭美国东部，使得波音公司的工厂也遭到了破坏，库存、机械、建物、设备等损失合计2 300万美元。

公司经理马亚格和其他干部职员，以黯然的

眼神视察台风过后的惨状。经理马亚格说："工厂几乎完全遭到破坏。但是，为了从冲击中再度爬起来，我们必须重建工厂，尽早开发生产。不过呢？再怎么乐观处之，我想重新生产、重新出货，最快也要到12月。"

刚刚才修完经营课程的管理员吉姆，开始将所习得的原则用于公司的重建之中。他对各部门作调查，并为每一个部门制定了目标和进度表，分为短期目标和长期目标。

马亚格经理也对事情经过作了扼要的说明。他说："各部门的联系很快地得到进展，进而产生了合作的精神，每一个人都有参与的意愿，大家比以前更团结合作，结果9月份新的飞机便开始出货了，比原先的预订提前了3个月，这完全归功于卡耐基课程的训练。"

生产技术部门的经理杰克事后叙述说："全体员工在领导人的呼吁之下，朝既定的目标进行，每一个人都要拿出前所未有的合作精神同心协力，而且各部门紧密联结，互相信任，有问题大家一起分析讨论，决定一个解决的方案。

随着大家的不断努力，问题一件件得到了解

决，员工的士气也有很大的提高，每一个人都为公司的重建而竭尽全力。”

我所经营的课程是所有行业的经营管理者都可以参加的，其学员分别来自制造公司、批发商、行政机关、学校、医院、银行、非营利团体等。

这个课程所强调的是经营者运用人才的经营方法，其成功的地方，在于大家为了达成共同的目标而自发地去克服困难。它的基本机能有调整管理、组织企划、学习经营及管理的各种技术和对问题的判断、分析能力。

经营课程的目标之一在于学习创造性的思考能力，并活用于解决问题，其间采用了绿色信号思考法和集体创造性思考法的会议法，给予实际的组织及解决问题的能力。每一个会议结束的时候，参加者便会被要求将所学的知识运用到工作之中，为公司的利益作一番谋划。

生产量提高的关键在于正确的计划和有效的管理，因此经营管理者必须为自己制订出计划及明确的管理办法。参加过我的课程之后，一个管理者最显著的变化就在于对人态度的转变。管理者和经营者因此而能给予部下更多的权限和责任，并且经常与他们一起商量，使部下的才能及能力得以发挥。

经理课程也教导人际交流技术。对此，德姆查理也作了以下的说明："这个课程对我的公司有莫大的贡献，其中最重要的是为我们打开了交流之道，每个人都能站在自己的岗位上，发挥经验及能力上的公平原则，并且每一个人都能毫不犹豫地发问，为了公司他们可以承受任何的责难。结果，公司的体制有组织地重新建立了起来，而且在很短的时间内，就把所有的计划都付诸实行了。公司职员在经营的方法和需要上，也比以前更容易理解了。"

管理部下的时间和自己的时间，是促进经营成功的重要因素之一。经理课程还包括时间管理训练，这个训练使参加者有了很大的改变。纽约市工程技术公司的会计德里斯弗曼，运用时间管理的方法，在一定的期间，调查职员的就业生活，并对工作量作更合理的分配。德里斯弗曼对自己的时间安排，也作了一番检讨，并对工作加以反省组合，把一些琐事委托手下，让自己轻松一下，以便找出更方便的管理办法及更有创造性的方法。

总而言之，训练班集合了各行各业的学员，其中亦不乏大企业的董事长、主任、医院的护士、银行的经理、公司的经理、学校的校长等。最近在纽约参加课程的还有联合国的职员、全美国童子军的干部、老人院的院长、石油公司的研修部经理等。

经由各种组织的交流，首先让学员理解如何去面对问题，接着让他们理解在面对问题时应如何去解决，而且也让他们理解在经营上的诸多问题都有共同的特征。

杰克是纽约市哈林区的麻疹患者更生训练的专家。他作了以下的报告：“自从在讨论会中学到一些工作原则之后，我将它运用于自己的班上，发挥了很大的作用。虽然从事人事管理的我仍是一个新手，以前也没有经过什么基础的训练，然而我将所学的知识应用出来，仍得到了无可限量的价值。”

我的推销课程与其他课程一样，目的在于提高交流的能力，不但是理论的，也是实用的。这个课程的目的在于提供销售的实用知识，并借以提高销售技术。销售技术虽然是每天的、持续的，但是此课程所要强调的是有动机的销售，及达成时间管理既定的目标、调节态度、培育更多热情的方法等。

我的推销课程是以赫狄克的著作《销售的五大原则》为教科书。这五大原则和其他销售技巧的应用，经常是以会议方式进行学习的，学生们必须报告自己如何在一周的时间内使用五大原则和技巧。

费城有一位学员米罗贝尔，在一家自用设备公司销售抽水机的包装材料，他经常扮演桥梁的角色，为顾客说明制品的用处及顾客买后获利的地方。

他说："我所销售的物品需要25美元才可以买得到，而一般与我竞争的对手所销售的价钱只有6美元。我把这种制品的价钱为顾客说明了一番，要他们正确地认识一分钱一分货，并且经由自己和顾客一起精打细算，让他们明白，我们公司的制品除了保养费花费较少外，买主以25美元购买，实际上还可以节省700美元。"

在伊利诺伊州任推销员的洛克，写了一封信给他的辅导员说："我虽只上了一个学期的课，但是如您所说的：‘当客人有意买我的东西时，要对顾客说明制品的用处，让他认为买这些物品很值得。’这些话，已经有如魔术般地发挥奇效。今天我推销了一本书，结果只不过一天的时间，订购的金额已高达1.6万美元。在此，我先向您致谢，下周见面再详谈。”

匹兹堡一家国际租车组织的推销员哈米鲁德，经由课程所学，能仔细观察买方的反应，进而采取下一步的行动。

哈米鲁德说：“在未上课之前，我每次做销售调查时，都只有说明商品及服务的有关项目，而没有注意到顾客真正关心的到底是什么。现在我已经能察觉一般顾客关心的事及其动机了，在时间方面不但比以前节省了许多，和顾客的交往也更容易些。”

米罗贝尔应用了良好推销员的原则而取得了销售契约。其实，他并没有用什么天花乱坠的言语，只不过是将可以节省花费的优点具体地描述一下罢了。推销课程的重点之一在于了解买方的购买意愿。这种学习方法可以在教室以戏剧的方式来进行。

为了介绍人际关系的原则，我研究提供了“和顾客的关系”这门课程。参加该项课程的有电话推销商、批发商、修理工人或其他在工作上必须直接与客户谈话的人。我的“和顾客的关系”课程的基本题目，不但强调使顾客能接受自己所提供的物品及服务，还说明了售货员自己是否需要课程，以及他们的迟钝反应对工作造成了影响。

诺曼吉斯是百事可乐公司的总经理，他教导公司的推销员要记住客人的名字，以提高销售量。他说：“卡耐基的人际关系原则，也就是要时时记住别人的名字，增加亲切感，如此不仅对物品的销售有很大的效果，而且也可以与顾客建立起良好的关系。”

在新泽西州为销售业者所开的我的“和顾客的关系”课程中，也强调了这一点。有一位学员说：“能记住顾客姓名的从业员，可以得到很多的客户。另外，一些价钱较便宜的加油站，如果也能记住顾客的名字，顾客们同样也会感到受宠若惊。”

由新泽西州的石油组织派来的40个加油站从业人员，很热心地倾听辅导员的讲课。辅导员做了以下的说明："每当我把车子开进加油站时，从业员便会不徐不疾地为我服务，他们口中好像说了些什么，但是我只听到'加多少？'这样一句话。等他们为我加满油之后，我便付了钱，而服务员连一声'谢谢'都没说，就走掉了。"

"各位，如果有人到你家拜访，你将以什么态度来迎接他呢？你会让客人按了门铃后，还得在门外等上5分钟吗？你会在客人要回家时，不打个招呼就让他回家吗？"

"各位，同样如果今天去加油的人是你，你还会去第二次吗？石油公司花费数百万美元做宣传，为的不就是要提高公司的服务品质吗？公司的负责人花了这么多的钱，本来以为可以增加些顾客，没想到由于从业员的态度，反而把顾客给赶跑了。"

"到加油站加油的顾客，不是和你家的客人一样吗？各位！除了应该欢迎客人，也应该感谢他们的光临，这样他们才会再来呀！"

很多银行和金融机关将我的"和顾客的关系"课程，利用于出纳组，因为出纳员虽然不必销售任何的东西，但是每天要接触络绎不绝的人群，所以出纳员的态度和行动对整个企业有非常大的影响。

维吉尼亚州的某百货公司，将销售部门的大部分员工都送去听我的“和顾客的关系”课程。当课程结束的时候，这家百货公司在地方报纸上刊登了一则广告，并附上课程的解说，及修完课程的学生照片。其于1972年5月登载的这则广告如下：

满足顾客的节目登场，卡耐基的“和顾客的关系”课程的荣誉第三期生，诚恳邀请您务必到百货公司购物，因为他们正等着为您服务呢！他们将坚持温和、诚实、亲切的态度，打心底为您服务。您的光临就是我们的成功。

只要能提供您一个舒适快乐的购物空间，便是我们服务的成功。

卡耐基的“培养人才”课程大致与“和顾客的关系”课程一样，不过这个课程比较重视一般人与公司同事间的应对事宜，许多公司都将这个课程运用于培养人才。

这个课程的中心思想在于开发良好的人际关系，有效率地促进沟通。也就是为了使工作更有趣，每天必须要有更积极的适应态度，去理解自己及别人，制定自我管理的目标，激起更多自我表现的热情，找出更适切的质询方法，成为一位好的听者。我的“培养人才”课程，在行政机关和工厂、各种销售业、银行等机关都有开班。

佛罗里达州某汽车公司的副总经理发现，该公司的职员在接受过课程的训练以后，做起事来比以前更有劲。他说：“以前公司经常碰到的问题，是修理工人也必须到物品部门为顾客取货，而且让客人等得不耐烦。但是自从接受卡耐基课程的训练以后，他们的态度完全改变了，他们运用所学的知识，减少了客人等待的时间。”

伊利诺伊州某家金融机构的副董事长，对于让职员参加我的课程，提出了以下的感想。他说：“他们比以前更乐于从事自己的工作。他们学会了对顾客展露自然的微笑，知道如何去关心顾客，不管顾客向他们提出什么疑问，他们都愿意回答，虽然有时答不出来，但也从不惊慌，因为他们还可以再去请教别人。他们的彼此交流能力似乎也提高了，这种能力的提高可由顾客及同事之间的相处看出。他们比以前更能当一位好的听众，比以前更有自信，应对也比以前更加得体了。”

“如果为别人服务不是发自真心，就不算是真的服务。我们和其他金融机构一样，都在努力争取顾客，同样要遵照政府的规定，不能把利息放得比别人高。但是，我认为唯一可以胜过其他公司的办法，就是提供较好的服务。我让员工都接受正确的服务训练，卡耐基的和顾客的关系课程，便是朝这方向迈进的方针。”“培养人才课程”的另一个重点在于处理事情的方法，以下是四个处理措施：

①好好地倾听他诉说——要不厌其烦地好好让他把话说完。

②尊重诉苦的人——在这节骨眼上一定要满足他。

③要向他表示感谢之意——感谢他让你知道他的苦楚。

④要感到抱歉——告诉他：“这个问题也许有其他原因，是我没有注意到的。”也有人原先不信任我的原则，等到真正实行以后，才发觉它对生意或人事上的帮助。这些人之所以不信任，是因为他们忽视了我的课程重点，误解了我的课程的哲学。

关于这一点，我作了以下的说明——我所说的人际关系，和被人喜爱这种事，是不相干的两件事。如果说这是我们的主张，我会立刻要求停止我的工作，因为我的人际关系原则，最主要在于人与人之间的沟通，要凡事都为别人着想，让别人也试着去做；要把握住其真诚的精神，而不要只以伪善来争取每一个人的认同。

好的人际关系是一个人被认可的基础。和某一个人交往，并不是一定要去喜欢那个人，但是想要别人肯定自己，就必须先去肯定别人。身为一个人，施与受有同样的权利，别人给你多少，你也要给别人多少。你要求别人容许自己的失败，同时也要去允许别人的失败。

喜欢别人，或被别人喜欢，并不是可以随心所欲，但是我们可以判断自己对别人的处理方式是不是正确，而且让每一个人都有接受公平处理的权利。

这和与人的亲密关系不相干，因为有时候吵架反而会增进良好的人际关系。人嘛！总是要经常接受挑战的。

我所教的课程成功的理由之一，在于主张个

人的重要性，使我们站在被尊重的立场上做事。每一个人都有获得肯定的渴求。我们的工作就在于协助每一个人发挥他们的内在潜力，达成内心的愿望。能够如此，人类便能清楚地将独特的个性释放出来。

生活将时光分割成碎片，

我们用阅读将之弥合，

使之缓缓流过，停驻或成永恒